“健康与小康”医学科普与健康教育系列丛书

自救·互救·他救

总主编　祝益民
主　编　石泽亚
主　审　秦月兰
副主编　周　煦　石小毛　周瑾容

编者名单（按姓名汉语拼音排序）
蔡益民　曹　玉　戴良平　邓水云　丁芳笑　丁旭云
甘晓庆　胡进晖　胡玛莉　胡　琴　黄丽妲　黄利华
黄生桃　蒋　丽　李春霞　李　兰　李　露　李素文
梁红英　刘　超　刘　欢　刘莉灵　刘晓亮　刘艳辉
刘怡素　刘　英　隆艳飞　彭韵玲　沈演兵　沈周敏
孙　红　汤　珂　唐　丹　王　芬　王　兰　吴　娟
席　照　肖　蕾　徐芙蓉　许　波　严　洋　杨　超
杨　丽　姚　益　喻灿欢　袁　平　张　珂　张瑞瑛
张小凤　周金艳　周　晶　周　娟　周丽娟　周　婷

人民卫生出版社

图书在版编目（CIP）数据

自救·互救·他救/石泽亚主编. —北京：人民卫生出版社，2016

ISBN 978-7-117-22256-3

Ⅰ. ①自… Ⅱ. ①石… Ⅲ. ①自救互救-基本知识 Ⅳ. ①X4

中国版本图书馆 CIP 数据核字(2016)第 050537 号

人卫社官网	www. pmph. com	出版物查询，在线购书
人卫医学网	www. ipmph. com	医学考试辅导，医学数据库服务，医学教育资源，大众健康资讯

自救·互救·他救

主　　编：石泽亚
出版发行：人民卫生出版社(中继线 010-59780011)
地　　址：北京市朝阳区潘家园南里 19 号
邮　　编：100021
E - mail：pmph @ pmph. com
购书热线：010-59787592　010-59787584　010-65264830
印　　刷：北京教图印刷有限公司
经　　销：新华书店
开　　本：787×1092　1/32　　印张：8
字　　数：130 千字
版　　次：2016 年 5 月第 1 版　2018 年 8 月第 1 版第 3 次印刷
标准书号：ISBN 978-7-117-22256-3/R·22257
定　　价：20.00 元
打击盗版举报电话：010-59787491　E-mail：WQ @ pmph. com
（凡属印装质量问题请与本社市场营销中心联系退换）

丛书总前言

自古以来，人类从未停止过对健康的追求。随着社会的进步和经济的发展，自然的破坏、环境的污染、药物的滥用、食品的危机、快节奏的生活、超强度的压力等等，使人们一方面享受着物质生活带来的丰硕成果，另一方面又经历着现代文明带来的健康威胁。在疾病谱不断变化的过程中，亚健康、慢性病、现代病、富贵病等时时困扰着人们的身心，成为学习、工作和生活中的“绊脚石”和“拦路虎”。

人民身体健康是全面建成小康社会的重要内涵，是每一个人成长和实现幸福生活的重要基础，这是习近平总书记对实现中国梦和中华民族伟大复兴的深刻阐述。需要全社会加深对建设小康社会与提高人的健康素质相互关系的理解，形成“要小康，先健康；保健康，奔小康”的全民共识。因此，健康与小康是相辅相成的“并行者”，是甘苦共担的“同路人”。

现在我们所说的健康，不仅仅是没有疾病和不虚弱，而是指身体上、心理上和社会适应上的完美状态。世界卫生组织曾发布公告，影响健康的因素中，遗传占15%，社会因素占10%，医疗条件占8%，气候条件占7%，60%的成分取决于自己。也就是说，一个人是否健康，其主动权在于自己。以糖尿病为例，47.9%新诊断的糖尿病患者从未接受过科普教育，60%不控制饮食，72%不会自我监测血糖与尿糖，92%不了解如何适度活动。调查表明，大众对疾病相关知识的了解非常匮乏，更谈不上健康的行为和生活方式。

近年来，医学科学和医疗技术快速发展，改变了过去很多的就医模式和诊疗方法，需要通过专家使用简洁通俗的语言向大众传播医学新知识，但权威专家、权威作品和权威传播途径不能满足大众的需求，一些医疗与养生保健广告的宣传使人们形成许多健康误区与盲区。《“健康与小康”医学科普与健康教育系列丛书》基于这种背景而构思，通过专业人士写科普，通过专家的力量传播知识，着眼于大众关注的健康话题，着重于健康认识和行为的纠偏，着力于解决疾病防与治的实际问题，传递准确的预防保健、科学就医、医患配合、自我管理等方面的健康信息，真正做到“无病早防、有病早治、治病早愈”的目的，消除或减轻影响健康的危险因素，预防疾病，促进健康，提高生活质量。

本套系列丛书以“健康与小康”为主题，重点介绍常见病和多发病，单本独立成集，以湖南省人民医院近年来开展医学科普与健康教育的一些成功经验，挑选一批有实战经历的专家参与编写，得到人民卫生出版社的大力支持，连续出版，形成独有的风格。丛书内容丰富、语言通俗、文字简练、层次清楚，辅以直观的插画，具有实用性、趣味性和科学性。希望能对有不同健康需求的人群进行差异化、个性化指导，期望能为大家的健康保驾护航。

祝益民

2016 年 3 月

前言

生命对每个人只有一次，但是，天灾、人祸和疾病都可能夺走我们宝贵的生命。任何人都无法预测我们会在何时、何地发生什么疾病、遭遇什么样的事故和灾难。尤其是在当今社会，随着经济的快速发展和大量的人口流动，公众之间的交往更加频繁、活动范围日益扩大，人们承受的压力与日俱增，受到频发的自然灾害、意外伤害以及急性病症威胁的因素也不断增多。

在日常生活中，某些疾病在出现先兆或前驱症状时，如能及时自我防范，则能避免严重后果；在灾害和事故现场，如能施行紧急处理，可为专业人员救治赢得时间。反之，如果人们缺乏自救、互救意识，就只能束手无策地等待救援人员的到来。如此这般，往往会错失抢救生命的“黄金时间”，造成无法挽回的损失。多少个幸福的家庭就此支离破碎？多少条鲜活的生命遭受伤残？多少财富因灾祸蒙受损失？又有多少原本有希望存活的人们永别了世间……那么，我们是否要扪心自问：当自己或者周围的人们陷入危险境地时，我们能够随机应变，采取正确的措施拯救自身、帮助他人吗？

然而，令人痛心的是，在经济、文化、科技高度发达的现代中国，因为人们的安全意识不足、医学知识普及欠缺以及急救技能培训太少，公众的"自救、互救、他救"力量仍然十分薄弱。所以，如何使广大民众掌握因天灾、人祸和疾病急性发作产生人体伤害时救护的方法，已是当前政府相关部门和社会各界亟待共同探讨和研究的重要课题。

为了让读者了解一些最基本的救援常识，提高"自救、互救、他救"的能力，编者精心编写了这本科普读物。本书汇集了日常生活中发生频率高、人身损害大的60类紧急事件的救护方法，并分为五个方面进行了表述。一是常见疾病急性发作篇（如意识丧失、癫痫发作等），强调挽救病人生命的不是只有医护人员，在疾病急性发作的瞬间，拥有急救知识的病人、家人、路人甚至可以发挥更重要的作用。二是突发意外篇（如电梯失灵、人群踩踏等），侧重讲解公共场合下危险情况的应对。三是户内生活篇（如鱼刺卡喉咙、洗澡发生晕厥等），提醒读者生活中的小事也可致命，必须科学地处理。四是户外活动篇（如游泳有风险、外伤大出血等），户外活动在放松身心的同时，也暗藏杀机，但掌握正确的救助方法，便可化险为夷。五是自然灾害篇（如地震来了、狂风大作等），尽管人类之于自然是渺小的，但“自救者，天助之”，措施有效，仍能成功逃生。

本书覆盖面广，文字深入浅出，插图生动形象，使读者一看就懂、一学就会，突出了实用性、通俗性和科学性，基本上可满足日常生活的需要，具有很强的实用价值。

“促进个人安全，保护家庭安全，提高社会安全”是针对个人、家庭、社会的一个连续的、动态的行为，它已不再局限于某个人、某个组织或机构，而是全社会的责任：紧急救护知识人人都应学习，人人都应学会，从而形成群众性的“自救、互救、他救”网络。我们衷心希望读者通过阅读此书，能够学到“自救、互救、他救”的知识，并在遇到灾害意外和常见疾病急性发作时，懂得救助的基本原则，高效率、高质量地实施救助，以期最大限度地维护自己和他人的健康与安全。

本书编写虽竭尽全力仍感有疏漏及不足之处。恳请广大读者和同仁提出宝贵意见，以期再版时进一步完善。

石泽亚

2016 年 3 月

目录

一

常见疾病急性发作篇

01 意识丧失

高速公路上相继发生司机突然失去意识

据日本NHK电视台2013年7月5日报道，一周内，高速公路上相继发生三起因公交车司机突然失去意识而造成的事故。

在4日东北机动车道上，两辆夜间行驶的客车相继发生事故，其中在宫城县发生的事故中，公交车在行驶途中，司机突然失去意识，车辆撞向了护栏，造成司机死亡，两名乘客受伤。本月1日，在三重县的事故中，一辆旅游大客车的司机也是突然失去意识，由乘客操作方向盘把车停了下来，虽然没有造成乘客受伤，但司机死亡。由于在宫城县发生事故的公交公司位于东京，为确保乘客安全，警察厅要求由89家公交公司组成的东京公交协会对司机的健康和出车情况进行彻查。

【你知道吗】

意识丧失是指病人无自发运动，对任何刺激都不会产生反应，此时，许多反射如吞咽反射、防御反射，甚至瞳孔对光反射都会消失，同时可引出病理性反射。意识丧失可分为两种：一种是持续性意识完全丧失，表现为昏迷，是脑功能衰竭的主要表现之一；一种是一过性的意识丧失，指意识自发性、一过性丧失，具有自限性，并且意识能迅速、完全恢复，不遗留神经系统功能障碍。

【最佳办法】

（1）求救：不要慌张，不要随意挪动其身体，以免造成其他损伤，同时立即拨打 120 急救电话。

（2）科学处理：先检查病人生命的体征 CAB（图 1-1），即脉搏 C（Circulation，血液循环）、气道 A（Airway）、呼吸 B（Breathing），身体有无受伤、有无出血，特别是颈部。①若没有呼吸与心跳，颈部又没有受损，身体其他部位无受伤与出血时应立即将他轻轻放平，给予心脏按压与人工呼吸。方法是：把一只手的掌根放在正对心脏的胸骨下段（两乳头连线中点），把另一只手重叠交叉放

在该手背上面，双手食指交叉相扣，用手的后掌垂直下压胸骨，使胸骨下陷5～6厘米迫使心脏输出血液，以每分钟100～120次的速率连续按压胸骨30次（图1-2）。随后给以2次口对口人工呼吸（图1-3），一只手置于病人颈后，另一只手放在病人的前额上，使其头稍向后仰，以确保气道通畅，仔细查看和寻找口腔至咽喉有无食物、假牙（义齿）等阻塞物或化学品，并随即用手指沿腔壁清除其间任何阻塞物，将放在前额的手移到病人的鼻子上，用拇、食两指捏紧鼻孔，同时将另一只手移放于病人下颌，向下施力将病人的口打开，用嘴盖住病人的嘴，务求严密不漏气（若条件许可，可使用塑料面罩或气管插管进行加压人工呼吸），向病人口中吹气并同时观察病人的胸廓有无扩大隆起，每次吹气完毕，让病人的胸廓自然回缩排出气体。如此，按压心脏和口对口吹气交替着反复进行，并每分钟测脉搏一次，一直持续至脉搏出现为止。②若没有呼吸与心跳，颈部有受损，身体无受伤与出血则应将颈部保护好后再将其放平，予以心脏按压与人工呼吸，有条件的使用自动除颤仪（简称AED）除颤；若有出血，应立即给予止血，同时进行心脏按压与人工呼吸。③若有呼吸与心跳，身体其他部位无受伤与出血，应轻轻将他放平，使头偏向一侧，保证呼吸道畅通，同时需注意观察其舌根有无后坠现象，以免阻塞呼吸道（堵住从口到鼻的空气通道）而导致窒息。

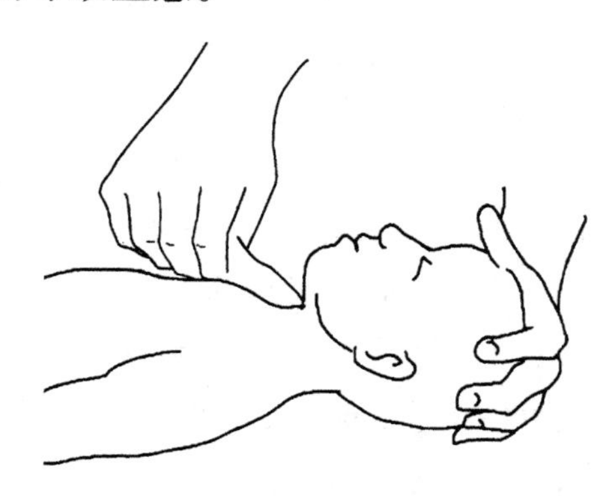

图 1-1　检查病人的生命体征

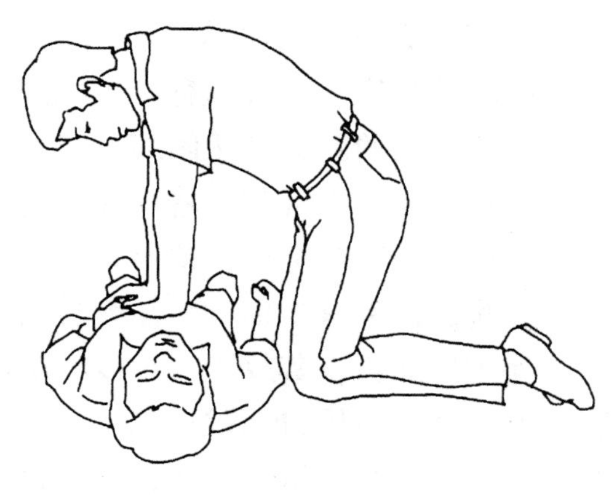

图 1-2　心脏按压方法

图1-3　人工呼吸方法

【不要忘记】

（1）从高处坠落等事故中，常发生颈椎骨折，负伤者的颈部失去支持，此时应先保护好病人颈部后，再适当进行转运，切勿随意搬动，以免造成更严重的损伤。

（2）应密切关注伤者的心跳、呼吸、是否有出血等，立即拨打急救电话与采取紧急的急救措施对抢救伤者生命十分重要。

02 癫痫发作

中年男子“咬舌自尽”

刘先生，今年46岁，十几年前他被诊断出患有胶质瘤（一种恶性程度很高的脑部肿瘤），接着他做了肿瘤切除手术，手术很成功，但手术后，他的行为就有点奇怪。他妻子发现晚上睡觉时，他常浑身绷紧、肌肉痉挛，还不时发出“咩咩咩”的声音。因为邻居家养羊，所以她还以为丈夫是做梦梦到邻居家的羊了，也就没太在意。今年8月初，刘先生和一位邻居正说着话，突然全身抽搐，牙关紧闭，摔倒在地，还大声发出“咩咩咩”的声音。邻居发现他把自己的舌头咬出血了。此后，吴先生频繁这样发作，最多时一天发作三次。家人将其送医后，医生确诊为癫痫发作。

【你知道吗】

癫痫是一种由多种病因引起的慢性脑部疾病，以脑部兴奋性过高的脑神经元突然、过度的重复放电，导致脑功能突发性、暂时性紊乱，临床表现为短暂的感觉障碍，肢体抽搐，意识丧失，行为障碍

或自主神经功能异常，称为癫痫发作。发作可分四期：先兆期、强直期、阵挛期、惊厥后期，应及时抢救，否则会衰竭死亡。

【最佳办法】

（1）求救：立刻向周围的人群求救，并拨打120急救电话。

（2）科学处理：①保护舌头：保护舌头应抢在病人出现先兆症状前，将一块包有纱布的压舌板（或一长约20cm、宽1.5～2cm，0.3～0.5cm边缘圆钝的木板或竹板）放在病人的上、下磨牙之间，以防阵挛期将舌头咬破。若先兆期不能放上，强直期当病人张口时也应放入，到阵挛期不宜放入。压舌板压着舌头还可防止舌后坠堵塞呼吸道。②先兆期：如果发现病人有先兆症状时，应迅速让病人平卧床上，或就近躺在平整的地方，即使来不及做上述安排，发现病人要倒时，应立即扶着病人，顺势让其倒下，防止突然摔倒造成的损伤。③强直期：病人强直期头多过度后仰，下颌过张，可造成颈椎压缩性骨折，或下颌脱臼。这时应一手托着病人枕部稍用力，以阻止其颈部过伸，一手托下颌，以对抗其下颌过张。癫痫大发作时呼吸道分泌物较多，

易造成呼吸道阻塞或吸入性肺炎。自大发作开始，应将病人头侧向一方，以便分泌物自然流出。此外，应将病人衣领及扣子解开，保持呼吸道通畅。④阵挛期：可适当用力按压四肢大关节处（如肩、肘、髋、膝），限制其抽动幅度，但是不要用力过猛，强行按压，否则会造成骨折或肌肉损伤。⑤癫痫大发作抽搐停止后：病人要过一段时间才能恢复正常，这段时间为几分钟、几十分钟或几个小时不等，有些病人处于昏睡状态，只须让其舒适、安静入睡即行，还有一些病人则处于朦胧状态，会出现一些无意识、无目的的冲动、破坏、攻击行为，甚至自伤、自杀、伤人、毁物等。此时，应立即让医务人员给病人肌注或静脉注射鲁米那（苯巴比妥）或安定（地西泮）等镇静剂。

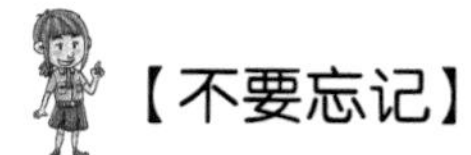

【不要忘记】

（1）发作时候不要随意搬动患者，移开周围可能造成伤害的物品，用软垫保护好病人头部（图2-1）。

（2）不能限制发作。如在肢体抽搐时，不能将肢体用力按压或屈曲，以免造成骨折或关节脱位。

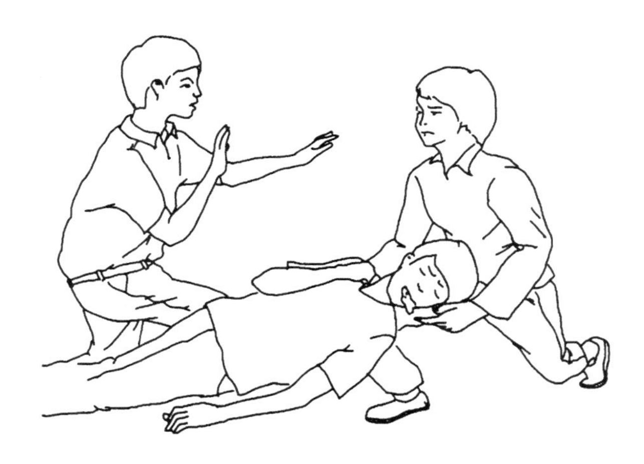

图 2-1　癫痫发作时候不要随意搬动患者身体

（3）发作结束后，将病人放平，头放正，帮助改善呼吸。避免打扰，使病人保持平静心情。

（4）不要撬开牙齿塞东西。抽搐发作时患者牙关紧闭，此时不要强行撬开患者的牙关，以免牙齿脱落阻塞呼吸道，可用力抵住患者的下颌，救援者不要将手指放在病人的牙齿之间。

03 癔症

“失恋”后突然倒地

小丽，女性，19 岁，某艺术学院学生，喜欢独来独往，几天前与男友分手后一直闷闷不乐。今晨在食堂排队买早餐时突然倒地，全身僵硬，手指僵硬如鸡爪样，呼吸急促，呼之不应，表情痛苦，双目噙泪，周围的同学都吓坏了，站在一旁不知所措，还有同学吓哭了，几个镇静的同学立即拨打120并向医务室老师求救，医务室老师赶来后，立即疏散周围的同学，细声告诉小丽此病不要紧，慢慢就会好的，并给予维生素C针剂肌内注射，约15分钟后，小丽症状缓解。老师和同学立即将小丽送进附近的医院治疗。

【你知道吗】

癔症又名歇斯底里，是由明显的心理因素，如生活事件、内心冲突，或强烈的情绪体验、暗示或自我暗示等引起的一组病症，临床上表现为感觉障碍、运动障碍、意识改变、情感爆发等精神症状，但缺乏相应的器质性基础，其发病年龄多在16～30岁之间，以女性多见。其特殊的性格特点是发病的重要基础，病人常有高度情感性、暗示性强、富于幻想等。急剧的或持久的精神紧张刺激常是发病的重要原因，如惊恐、悔恨、忧虑等，尤其是愤怒和悲哀等不能表达时更容易发生。其起病常比较突然，临床表现较复杂且多样，但主要为感觉、运

动和精神障碍。发作持续时间的长短完全取决于周围的环境及人的言语及态度，发作时常带有浓厚的情感色彩，各种表现都具有表演及夸张的特点，经暗示后可突然加重，也可突然好转甚至消失。

【最佳办法】

（1）疏散人群：处理这种情况主要是保持镇静，迅速疏散病人周围的人员，尽可能地减少病人身边的“观众”（图3-1），可以将病人安置在肃静的房间，谁都不要惊慌喧嚷。尤其不能谈论病的轻重，免得病人听了更不容易恢复常态。这样可以避免人群中语言等方面的不良暗示，因为癔症病人具有表演性，“观众”越多，他们的表演越逼真，越卖力，也越难控制。

（2）及时送医：及时送病人到就近的医院，进行专业的治疗。

（3）心理疏导：在护送途中积极对病人进行心理疏导。充分掌握病人的心理特点让病人有充分表达和发泄自己内心痛苦的机会，耐心倾听后给予解释、说服和安慰。让其感受到关心，承认病人的癔症，告知无大碍，很快就会好转，给他们积极的心理暗示，让其深呼吸，达到放松、镇定的效果。

图 3-1　疏散病人周围的人员

（4）药物治疗：对于可控的癔症病人，除了必要的心理疏导外，家属平时还可以在家里备一些常用的药品。如润喉片剂、葡萄糖口服液、藿香正气液、维生素等，在对病人进行心理辅导的同时，辅助以药物。当然，这些药物的剂量要小，因为这只是安慰病人的一种手段，经实践证明这样做的效果很好。

【不要忘记】

（1）护理病人时注意与病人的沟通技巧，对其采取关心、接纳的态度，避免使用过激语言刺激伤害病人。

（2）在施行暗示治疗时，应注意治疗环境要安静，一切无关人员均要离开治疗现场，避免由于家属或周围人的惊慌态度，或过分关注而使症状加重，给治疗带来困难。

（3）我们应帮助患者树立战胜疾病的信心。癔症的治疗以心理治疗为主，辅以药物等治疗。癔症发作过后，要多做细致的思想开导，辅以热情的关怀，劝病人心胸开阔，不计较小事，以防再次发作。

04 过敏无处不在

吃芒果险些丧命

小梅，19岁，学生，过敏体质，从小就小心翼翼，不敢“乱吃”东西，今天高考结束，小敏考得不错，同学一起聚会很开心。时下正是吃芒果的季节，“芒果很甜很好吃！”见同学们个个吃得开心，一向不敢吃的小梅也有些心动了，试着吃了一小块，感觉味道不错，一下就消灭一个，几分钟后，小梅突然感觉浑身皮肤发痒，嘴巴也肿了起来，喉咙发紧，都快喘不过气来了，同学们都吓坏了，幸好附近有个医院，几个同学手忙脚乱地把小梅送到了医院急诊室，医生迅速给小梅用了药，才转危为安。医生说：“幸好来得及时，不然就没命了”。

【你知道吗】

当人体接触到某些特定的外来物质（一般称为过敏原）时会发生打喷嚏、流涕、咳嗽，出现意识模糊、冷汗、面色苍白、肢冷、脉细等，我们把它叫做过敏。导致过敏的原因大致可分为外因和内因两种。常见过敏性疾病有荨麻疹，皮肤突然出现大小不等的粉红色风团，多为圆形、椭圆形或不规则形，可发生在身体的任何部位；过敏性鼻炎，突发鼻痒、连续打喷嚏（多超过 5 个）和大量清水样浆液性鼻分泌物，每次发作症状多持续 1 小时以上，常反复发作，此外，还有过敏性休克、花粉症、过敏性哮喘。过敏的发病率很高，过敏和抗过敏是现代人面临的不可回避的严峻挑战。

【最佳办法】

（1）求救：如果情况严重或不知道如何处理时，立即拨打 120 急救电话。

（2）科学处理：①尽快脱离“过敏原”：经常

过敏的人通常属于过敏体质，是由体内的一种特异蛋白造成的，这种体质是不可改变的，防止过敏的最主要的原则为去除病因，尽快脱离“过敏原”。②合理使用药物：对于那些过敏体质的朋友，家中可备一些常见的抗过敏药如马来酸氯苯那敏（扑尔敏）、西替利嗪（仙特明）、氯雷他定（开瑞坦）等，在出现过敏的状况时，经医生明确诊断后可遵医嘱按说明书服用上述药物可有效缓解过敏症状。③及时送医治疗：当出现较重的反应，如呼吸困难甚至发生休克时，则应保持镇定，不要惊慌，立即到医院进行抢救治疗。

【不要忘记】

（1）切勿过度挠抓：皮肤过敏的人很多都会有瘙痒的症状，使人总是想要挠抓，这样虽能一时痛快，却会加重皮肤病症。如在急性湿疹症的时候抓挠皮肤则会导致扩散，所以在过敏的时候一定要管住自己的手，不要去抓挠（图4-1）。

（2）切勿用热水烫：这种方法可以解一时之痒，但之后瘙痒的症状会更加严重，特别是急性湿疹等皮炎症状。

（3）切勿使用碱性洗涤剂：有些手部皲裂性

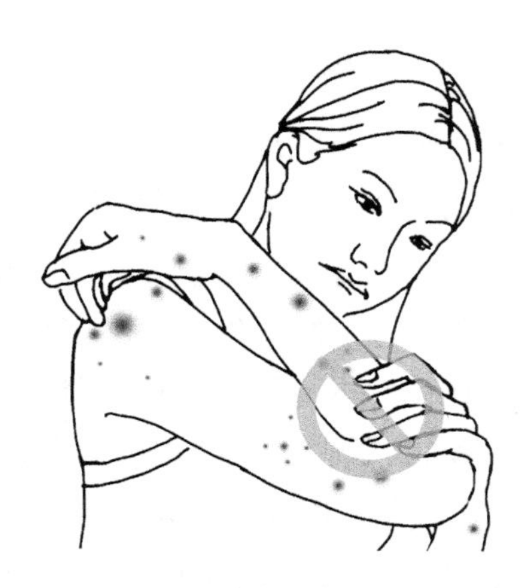

图 4-1　皮肤过敏不要去抓挠

湿疹的病人喜欢反复地使用碱性肥皂、洗衣粉、洗涤灵等碱性洗涤剂来清洗手部，这种方法是不正确的，如碱性的洗涤剂会使得肌肤变得更加的干燥，加重皲裂、瘙痒的症状。

（4）切勿胡乱吃东西：有些人往往是因为有乱吃东西的习惯才会导致过敏事件频频发生，比如常吃鱼虾蟹、羊肉牛肉、带刺激性的食物，吃花椒、辣椒、大蒜、韭菜等等，这些食物非常容易引起湿疹、荨麻疹等变态性皮肤病，在有这些病症的时候仍进食以上食物则会导致症状加重。

（5）切勿乱用药物：这样的做法也会导致病症加重，比如使用外用的皮质类固醇来治疗手癣，这样反而会导致皮疹的范围扩散。

05 高血压危象

棋逢“险境”

65岁的高血压病人谭老在与老友下棋的过程中，突然出现剧烈头痛、浑身哆嗦、发冷、憋气等不适症状，老友帮忙量血压为200/120mmHg，立即拨打120急救电话，谭老将自备的降压药含服，经过医院的一系列降压、护心等处理，谭老得以转危为安。

【你知道吗】

当血压≥140/90mmHg，称为高血压。临床上高血压可分为原发性高血压和继发性高血压两类。原发性高血压是一种以血压升高为主要临床表现而病因尚未明确的独立疾病，继发性高血压又称为症状性高血压，在这类疾病中病因明确，高血压仅是该种疾病的临床表现之一，血压可暂时性或持久性升高。高血压重症者会出现抽搐、昏迷、心绞痛、心衰、肾衰、脑出血，如不紧急抢救，后果极其严重。

【最佳办法】

（1）电话求救：及时拨打急救电话，注意报明详细家庭住址及病人简要信息。

（2）科学处理

1）应让病人躺在床上休息，抬高床头，保证病人头部高于躯体。

2）立即采取降压措施，家中若备有降压药，可立刻服用，家中如备有氧气袋，可同时予以吸入氧气。

3）还可以另服利尿剂、镇静剂等。

4）高血压病人有可能发生急性心肌梗死，一旦发生时：①就地平卧，即使倒在地上也千万不要“好心”的非要搬动上床。发病 4 小时内，发生危重心律失常和猝死的危险性最大，任何搬动都有可能增加心脏负担，危及生命；②立即给病人嚼服 300mg 的拜阿司匹林；③立即给病人舌下含服硝酸甘油；④有条件的（如家里常备有氧气袋的）要立即给予吸氧。

【不要忘记】

（1）避免诱因：劳累、情绪波动、精神创伤

为高血压危象的诱因。高血压病人需避免劳累过度，保证充足睡眠，避免情绪产生较大波动。寒冷天气，做好避寒保暖。

（2）饮食：需严格控制病人的食盐摄入量，每日必须在2.5g以下，同时注意给病人补充含钾丰富的食物（如橘子、香蕉等），严禁烟酒及高脂饮食与刺激性饮料。多食蔬菜、水果、粗粮，经常按摩腹部，禁止用力排大便。

（3）血压监测：定期监测血压，最好是能够定时间、定体位、定血压计。

（4）按时服用降压药：高血压病是需要终生治疗的疾病，切不可擅自停服降压药，以免引起血压反跳，即使血压稳定，也应在医师的指导下坚持服用维持量。

（5）使用某些药物可致血压升高，如麻醉药、消炎痛（吲哚美辛）。就医时需向医生说明有高血压病史，避免发生高血压危象。

（6）高血压病人在发病时，会伴有脑血管意外。病人突然出现剧烈头痛，伴有呕吐，甚至意识障碍和肢体瘫痪，此时要让病人平卧，头偏向一侧（图5-1），以免意识障碍伴有剧烈呕吐时，呕吐物吸入气道，然后通知急救中心。

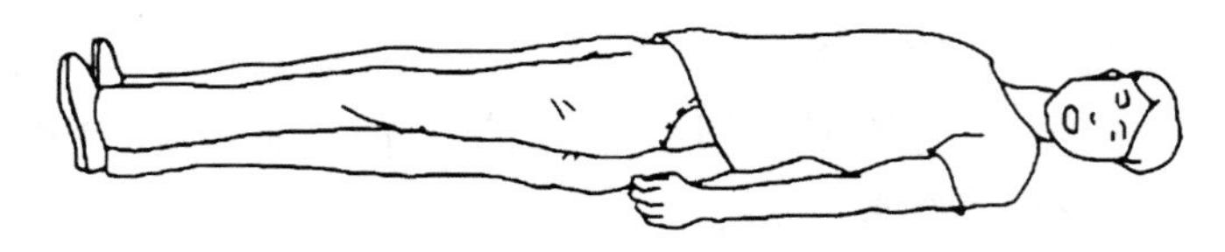

图 5-1　患者平卧，头偏向一侧体位

06 急性心肌梗死

27 岁小伙吃饭时险丧命

9 月 18 日 13 时 30 分，27 岁的李强正在吃饭时，突然胸部出现剧烈疼痛、大汗，被家人送到市立医院。在检查的过程中，突然出现意识丧失、心跳停止的紧急情况。经过四次电击除颤并注射强心针，李强的心跳、血压才恢复，经过心电图检查确诊为急性心肌梗死，随后经过冠脉造影手术放支架和脑复苏治疗，意识得以恢复。

【你知道吗】

冠状动脉急性、持续性缺血缺氧引起心肌坏死，病人突然出现剧烈而持久的胸骨后疼痛，休息及硝酸酯类药物不能完全缓解，伴有血清心肌酶活性增高及进行性心电图变化，可并发心律失常、休克或心力衰竭，常危及生命，这叫做急性心肌梗

死。急性心肌梗死发生的原因与过度劳累、激动、暴饮暴食、寒冷刺激、吸烟、饮酒等有关，临床表现与梗死的面积大小、部位、冠状动脉侧支循环情况密切相关。心肌梗死能在1小时内得到有效施救，康复后跟正常人一样；但如果在1个半小时后抢救，心肌将出现坏死，且时间越长，心肌坏死越多（图6-1）。

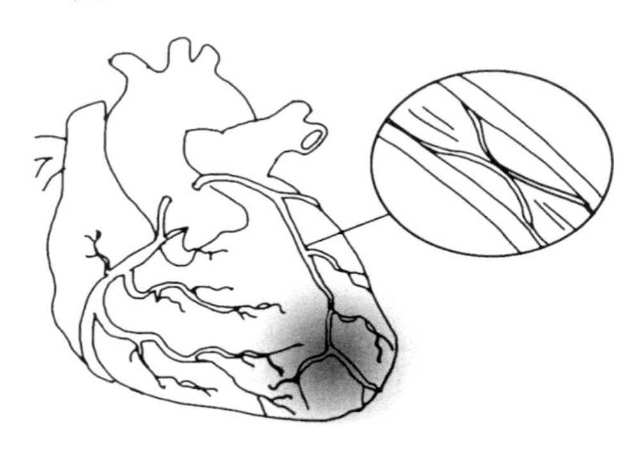

图6-1　冠状动脉急性、持续性缺血缺氧引起心肌坏死

【最佳办法】

（1）及时呼救：如果出现持续15分钟以上的胸闷胸痛，服药不能缓解，应该第一时间拨打急救电话。家属应争分夺秒将病人送到有介入治疗条件的医院，为有效的抢救赢得时间。如果家里没有其他人，应该把门打开，以免急救人员到达时病人无

法行动却被关在门外。

（2）控制情绪，减少活动：情绪激动和活动会造成心脏耗氧量增加，风险增加。因此病人应立即卧床休息，适当做缓慢的深呼吸可以帮助降低心率。

（3）其他处理：①如果有条件立即吸氧。②舌下含服救心丸或者硝酸甘油片。③当病人心跳、呼吸骤停时，应立即进行胸外心脏按压和人工呼吸。把一只手的掌根放在正对心脏的胸骨下段，把另一只手重叠交叉放在该手背上面，并将手指联锁住，用手的后掌垂直下压胸骨，使胸骨下陷 5 厘米以上迫使心脏输出血液，以每分钟 100 次的速率连续按压胸骨 30 次，随后给以 2 次口对口人工呼吸，一只手置于病人颈后，另一只手放在病人的前额上，使其头稍向后仰，以确保气道通畅，仔细查看和寻找口腔至咽喉有无食物、假牙等阻塞物或化学品，并随即用手指沿腔壁清除其间任何阻塞物，将放在前额的手移到病人的鼻子上，用拇、食两指捏紧鼻孔，同时将另一只手移放于病人下颌，向下施力将病人的口打开，用嘴盖住病人的嘴，要求严密不漏气（若条件许可，可使用塑料面罩或气管插管进行加压人工呼吸），向病人口中

吹气并同时观察病人的胸廓有无扩大隆起，每次吹气完毕，让病人的胸廓自然回缩排出气体。如此，交替着反复进行，并每分钟测脉搏一次，一直持续至脉搏出现为止。

【不要忘记】

（1）将相关的病历、医保卡（本）和既往的心脏病资料都放在一起并置于一个取用方便的地方（同时要告知其他家属存放地点），万一发病可以迅速取用。

（2）有条件的话应在家中准备血压计、吸氧设施（如氧气瓶或制氧机）。

（3）随身携带救心丸（保心丸）、硝酸甘油之类的药物，在胸闷胸痛症状早期能够缓解症状以及鉴别是心绞痛发作还是心肌梗死发作。

（4）发病早期要尽早联系急救人员。

07 突然中风

“清一色”乐极生悲

陈某，63岁，退休在家，平日就爱打打麻将消磨时间。某日，在与平时的牌友玩麻将时，因长时间没有“成牌”，内心有些焦急。后来陈某听了一手清一色的上等牌，又经过二圈转换，轮到陈某抓牌时，他喊了一声“自摸清一色”，随后便顺着桌角跌落地上。因事发突然，大家不知是何原因，待扶起陈某时，发现其手和脚已经不灵便，并且已不能站立。子女闻讯赶到，送到医院就治，经诊断是中风。万幸的是，因为送医及时，需住院观察，暂时还不需要手术。

【你知道吗】

病人由于脑部血管突然破裂或因血管阻塞造成血液循环障碍而引起脑组织损伤，出现头痛、头晕、恶心、呕吐、意识障碍、肢体活动不灵、突然跌倒、突然出现失语或听力障碍、一侧肢体麻木等症状，我们把它叫做卒中（脑卒中），又叫做中风（脑中风）。根据脑动脉狭窄和闭塞后，神经功能障碍的轻重和症状持续时间，分为短暂性脑缺血发作、可逆性缺血性神经功能障碍、完全性卒中三种类型，其中，完全性卒中又可分为轻、中、重三型。

【最佳办法】

（1）求救：发现病人突然发病后切忌慌乱紧张，不要摇晃他，尽量不移动，使他保持安静。第一时间呼叫救护车。在等救护车的过程中采取下面的步骤。

（2）科学处理：解开病人领口和胸前的衣扣，使衣物保持宽松。不要急于从地上把病人扶起，最好2～3人同时把病人平托到床上，头部略抬高，以避免震动。病人如果神志清楚，可以平卧休息。神志不清的病人，用侧卧位，头稍稍后仰的姿势比较好，有利于病人呼吸（图7-1）。如果有抽搐发作，可用筷子或小木条裹上纱布垫在上下牙间，以防咬破舌头；病人如果出现气急、咽喉部痰鸣等症状时，可用塑料管或橡皮管插入到病人咽喉部，从另一端用口吸出痰液。时刻观察病人的情况，不可以喝水、吃东西。在送医院前尽量减少移动病人，转送病人时要用担架卧式搬抬。如果从楼上抬下病人，要头部朝上脚朝下，这样可以减少脑部充血。在送医院途中，家属可双手轻轻托住病人头部，避免头部颠簸。

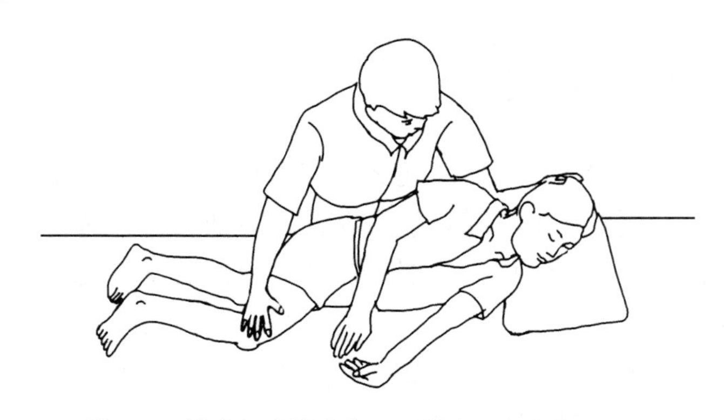

图 7-1　神志不清的病人，用侧卧位，头稍稍后仰

【不要忘记】

（1）家人如果有容易诱发中风的疾病，平时要采取预防措施。如果有“小中风”历史的，更要特别加以注意。

（2）判断中风前兆。中风有两种情况，一是脑血管被阻塞，使一部分大脑缺血，医学上叫脑梗死；另一种是脑出血，多见于高血压病人。他们的表现相似，突发的头晕、头疼，嘴歪眼斜，流口水，想说话但是已经说不清楚，一边手脚不听使唤，这样就极可能得了中风。

（3）中风病人在到医院、经医师评估前，不能从嘴巴进食，因为中风病人最怕的就是由于吞咽障碍导致吃东西呛到，造成肺炎。

（4）如果要移动病人，一定要小心，防止其摔倒，因为中风造成的肢体无力，会让病人极易跌倒，跌倒时也没有保护自己的能力，如果跌倒骨折的话，病人无力的情况下则更难康复。

（5）脂肪和糖类要少吃，如动物内脏、蛋类、奶油等，但应有足量的蛋白质，如瘦猪肉、牛肉、鱼以及豆制品，以供身体需要。应多吃新鲜蔬菜、水果，对脑、心均有保护作用，减少食盐的摄入，每日控制在3～5克左右，这对降低血压，减少血管和心脏负担有好处，少饮酒、少吃糖，戒烟，勿饮咖啡和浓茶，不宜过饱，减少食物中的脂肪，不宜长期吃过余精制的食物、限制食盐的摄入。

08 糖尿病昏迷

都是偷吃惹的祸

林某，39岁，既往有糖尿病史，平时就血糖高，最近一直控制得很好，烟酒也都很少了。除夕的晚上，正当大家都在吃团年饭的时候，林某突然昏迷在饭桌上。过了一天，人醒过来了，真相终于大白。原来是这样，因为有糖尿病，老婆管得很严，不让随便吃东西。除夕那天，他趁老婆下午出去采

购，没人管他，偷吃了不少孩子的巧克力，还偷吃了一些肉，喝了一瓶酒，心想，老婆不在，这下没人管我了，我得抓紧机会吃回来。没想到后果这么严重，居然昏迷了4个小时，这下再不敢偷吃了。

【你知道吗】

糖尿病昏迷是由糖尿病引起的一组以意识障碍为特征的临床综合征。该疾病的特点主要为病情重且变化快，如果不能够做到及时有效处理便会造成机体内重要脏器的衰竭甚至死亡，给病人身心及家庭造成重大影响。糖尿病昏迷的几种常见类型是：糖尿病低血糖昏迷，早期症状表现为病人常感到心慌头昏、饥饿手抖、冒冷汗等；糖尿病酮症酸中毒昏迷，早期表现为疲劳乏力、口渴、多饮多尿及消瘦；非酮症性高渗性昏迷，多见60岁以上的老年人，以严重脱水、高血糖、高血浆渗透压和神经精神症状为主要临床表现；乳酸性酸中毒昏迷，它多发生在有肝肾功能损害的老年糖尿病病人。

【最佳办法】

（1）求救：家属或周围的人应立即拨打120急救电话。

（2）科学处理：先找出引起昏迷的原因，区别出高血糖性昏迷或者是低血糖性昏迷。①出现低血糖时，病人先是感到心慌头昏、饥饿手抖、冒冷汗等，进一步发展会出现烦躁、抽搐、精神失常，最后陷入糖尿病昏迷。如果病人尚能吞咽的话，对于低血糖性昏迷，则是让病人喝糖水或吃糖块、甜食等。②对高血糖性昏迷，可先让病人喝些盐茶水（一定不能够给病人喝糖水，而且不要让病人在比较寒冷的地方待着），同时送医院抢救（图8-1）。③如果病人意识已丧失，应将病人放平，解开衣领，保证呼吸道通畅，并立即送至医院抢救。

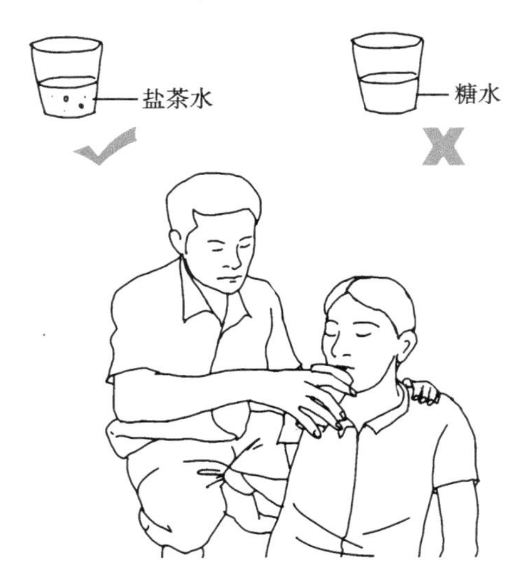

图8-1　对高血糖性昏迷，可先让病人喝些盐茶水

【不要忘记】

（1）糖尿病昏迷的急救原则：以往有糖尿病史，突然昏迷，又找不到其他病因，首先怀疑糖尿病昏迷，可按昏迷的急救原则急救，并立即拨打急救电话。

（2）不要随便给昏迷病人喂食糖水以免造成呛咳甚至窒息。

（3）如很难判断出糖尿病病人昏迷的原因时，不要盲目采取措施，因为高血糖与低血糖两种原因引起昏迷的治疗方法是完全相反的。

（4）日常预防：①加强糖尿病知识的教育和健康检查，早期发现早期治疗，50 岁以上的老年人应定期检测血糖。确诊有糖尿病的病人，应正规服药，控制饮食，加强运动，严格控制血糖水平，老年病人得了小病要及时治疗，防微杜渐。②规律生活、合理起居，注意锻炼。平时注意多喝水，一定不要限制饮水，任何不适时均应加强血糖监测。

（5）为预防万一，糖尿病病人应经常随身携带标有“患有糖尿病”等字样的卡片，且卡片上还可记录一些治疗方法及病人姓名、住址等，以便突然意识丧失时供旁人及医生参考。

09 低血糖

命悬一线

杨奶奶，女，70 岁，患糖尿病有 20 多年了，和儿子儿媳一家住在农村。这一天是外孙女西西的 10 岁生日，杨奶奶起了个大早，带上大包小包就出了门，早上出门急，连早饭都没顾得上吃，车开出一段后，杨奶奶这心里一放松就觉有点累，头也越来越沉，可能是没睡好吧，休息一下就好了，老人这么想着就闭上了眼睛，可越睡身体却越冷，肚子也越来越饿，慢慢的连眼前也越来越黑…杨奶奶心知不妙，于是挣扎着向车上的乘客求救，车里一阵忙乱，大家七手八脚地把杨奶奶放平，拿来了一瓶果汁给她喂下，并不断地呼喊她，没多久，杨奶奶渐渐醒了过来，大家才长出了一口气，怕老人有意外，司机师傅又亲自开车把杨奶奶送到医院做了全面检查，医生说幸好乘客们处理得及时，老人只是低血糖发作，现在已无大碍。

【你知道吗】

人体血糖正常浓度为：空腹静脉血浆血糖 3.9 ~

6.0mmol/L，餐后静脉血浆血糖 <7.8mmol/L。低血糖症是指血葡萄糖（简称血糖）浓度低于正常的一种临床现象。尤其糖尿病人多见，血糖低于3.9mmol/L时，可认为是血糖过低，但是否出现临床症状，个体差异较大。低血糖的症状可轻可重，时间可长可短，有时容易纠正，有时又较顽固。低血糖的人常常会先有饥饿感，乏力，四肢麻木，情绪不安，面色苍白，头晕，呕吐，心慌，胸闷等。严重时，大汗淋漓，皮肤湿冷，吐字不清，注意力不集中，有时出现抽搐，惊厥，不省人事，大小便失禁，昏迷等，昏迷太久甚至会死亡。

【最佳办法】

（1）求救：病人、家属或周围的人应立即拨打120急救电话。

（2）科学处理

1）绝对卧床休息。

2）迅速补充葡萄糖。当糖尿病病人低血糖急性发作，应该做好以下急救措施：①反应较轻、神志清醒的病人，用白糖或红糖25～50克，用温开水冲服或喝其他含糖饮料；稍重者吃馒头、面包或饼干25克，或水果1～2个，一般10分钟后反应

即可消失。②低血糖反应较重，神志又不很清楚，可将白糖或红糖放在病人口中，使之溶化咽下；或调成糖浆，慢慢喂食。如服糖 10 分钟仍未清醒，应立即送附近医院抢救（图 9-1）。③对低血糖昏迷的病人，应立即静脉注射 50% 葡萄糖 40 毫升，并给予吸氧，很快就可见效，或肌内注射高血糖素 1 毫克，15 分钟内意识应清醒。清醒后必须给病人服糖水等，预防下一次反应性低血糖。

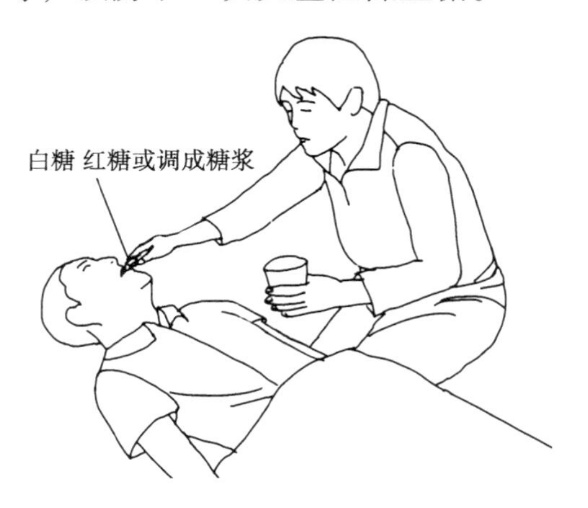

图 9-1　低血糖反应较重喂食糖浆水

【不要忘记】

（1）对于糖尿病病人必须在血糖控制很理想的情况下才可以考虑外出旅行，更需按时吃药，勤

测血糖。在旅行前最好按预定的旅行、可能的运动量进行适当性的训练并调整好血糖，同时，应佩戴胸卡，以便在遇到紧急情况时得到及时、有效的医疗救助。

（2）勿空腹活动，保持运动量恒定。进行体育活动或锻炼，或在运动量大的工作前应适当加餐。

（3）准备好合适的饮食。无论是糖尿病病人还是非糖尿病病人外出都应随身携带一定量的方便食品。当遇到一些意外情况时，可以得到及时的食物补充，避免低血糖的发生。

（4）定时、定量吃饭。千万不能因为各种原因延迟进餐。及时识别和处理低血糖，避免发生意外。

（5）为避免夜间低血糖的发生，可在晚上临睡前少量加餐。

10 咯血

“恐怖的”咯血

“医生！医生！救救我！我咯血了！”病人小刘在就诊室里大声向医生求救。原来是他长期抽烟

喝酒，平时偶尔有咳嗽，但今天突然咳嗽咯出了约50毫升的鲜血，吓坏他了。医生连忙安抚小刘情绪，给予对症处理后安排小刘住院治疗。经住院检查后，小刘被诊断为：支气管扩张咯血。

【你知道吗】

喉部以下的呼吸器官，即气管、支气管或肺组织出血，并经咳嗽动作从口腔排出的过程叫做咯血。咯血多由呼吸系统疾病引起，如肺结核、肺癌等，也可由循环系统疾病、外伤以及其他系统疾病或全身性因素（白血病等）引起。根据咯血量可以分为小量咯血：咯血量 < 100 毫升/24 小时，中等量咯血：100 ~ 500 毫升/24 小时和大咯血：> 500 毫升/24 小时或者一次咯血量达到 1000 毫升。大咯血要及时抢救，否则病人生命会受到威胁。大咯血造成的直接危险主要是窒息和失血性休克，间接危险是继发肺部感染或血块堵塞支气管引起肺不张，如为肺结核病人还可通过血行播散。大咯血对人体的影响，除咯血的量和出血的速度外，还和病人的一般状况有关，如为久病体弱，即使出血小于300 毫升也可能是致命的。

【最佳办法】

（1）求救：病人、家属或周围的人应立即拨打120急救电话。

（2）科学处理：①保持镇静，不要惊慌，令病人取卧位，头偏向一侧（图10-1），鼓励病人轻轻将血液咯出，以避免血液滞留于呼吸道内。如已知病灶部位则取患侧卧位，以避免血液流入健侧肺内；如不明出血部位时则取平卧位，头偏向一侧（见图5-1），防止窒息。②避免精神紧张，给予精神安慰，必要时可给少量镇静药，如口服安定（地西泮）。③咳嗽剧烈的大咯血病人，可适量给予镇咳药，但一定要慎重，禁用强镇静止咳药，以免过度抑制咳嗽中枢，使血液淤积气道，引起窒息。④密切观察病人的咯血量、呼吸、脉搏等情况，防止休克的发生。⑤如病人感胸闷、气短、喘憋，要帮助病人清除口鼻分泌物，保持室内空气流通，有条件时给予吸氧。⑥如若发生大咯血窒息，立即体位引流，取头低足高位（可将床尾抬高45度左右），或侧头拍背（图10-1）。

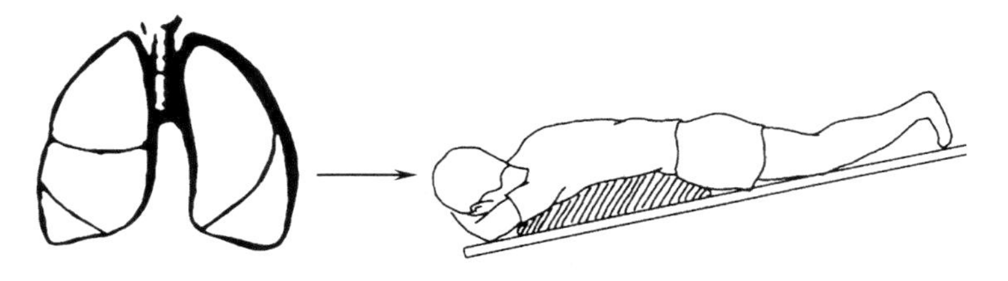

图 10-1　头低足高位引流积血

（3）转运：经初步处理，咯血稍有缓和，患者的血压、脉搏、呼吸相对平稳时，应尽快护送患者到附近医院，以便进一步救治；如出血不止，请急救中心急救医师进行就地抢救，一旦病情稍微平稳，允许转运时，仍需送医院进行吸氧、监护、止血、输血、输液及对症和病因治疗。

【不要忘记】

（1）定期体检，身体不适，及早就医，及早发现原发病，及早治疗。

（2）曾有过咯血经历的病人，要避免过重体力劳动和剧烈运动；多食新鲜果蔬，保持大便通畅，如有便秘可使用缓泻剂，避免用力排便；加强锻炼，增加机体抵抗力；季节交替时，及时加减衣物，少去人多拥挤的地方，预防呼吸道感染；戒烟戒酒等预防再次咯血。

（3）已经出现咯血时要轻轻将血液咳出，不要把血吞到肚子里，不然会影响咯血量的计算，而且吞入的血量过多会引起恶心呕吐，干扰医生的诊断。

（4）如果知道咯血是由哪侧肺部引起，病人则应取患侧卧位，防止血流入健侧肺部，如果不知道咯血原因，则取平卧位，头偏向一侧。

11 呕血

酒后吐血险丧命

高先生在和朋友聚会时喝了很多酒，感到很不舒服，头晕无力，站立不稳，朋友就教他抠喉咙催吐，结果引起剧烈呕吐，最后竟然还吐出不少鲜血，吓得高先生酒都醒了，众人急忙送他到当地医院检查。消化内科医生立即给他做了胃镜检查，发现是食管贲门黏膜撕裂出血。经过胃镜下止血、输血和药物治疗，高先生转危为安。

【你知道吗】

呕血是从口腔呕吐鲜血或咖啡样变性血液，多由十二指肠、胃和食管病变引起的上消化道出血，

或因邻近的肝、胆、胰疾病和外伤后，血经口腔呕出。胃内出血量一般达 250～300 毫升时即能引起呕血，呕血开始时，说明胃中已有 300 毫升左右的出血量了。轻度呕血：一次呕血量少于 400 毫升，仅有头晕，全身症状很少。中度呕血：一次呕血量在500～1500毫升时，收缩压低于 13.3 千帕（100 毫米汞柱），心率 100 次/分以上。重度呕血：出血量超过 1500 毫升时，神志恍惚，收缩压低于 10 千帕（76 毫米汞柱），四肢发凉，少尿、无尿、休克。急救原则是分秒必争，阻止失血，防止继续出血和再出血。切勿花很多时间去查病因而延误抢救时机。

【最佳办法】

（1）求救：紧急护送病人去医院就医，或者拨打 120 急救电话。

（2）科学处理：①应指导病人立即平卧，安慰其紧张情绪，注意给病人保暖，取中凹卧位，病人头胸抬高 10°～20°角，双腿抬高 20°～30°角，可在膝下垫一软枕，这样有利于下肢血液回流至心脏，保证大脑的供血（图 11-1）。②呕血时，病人的头偏向一侧，以免血液或呕吐物吸入气管引起窒息。③暂停饮食，以免加重病情。④密切观察病人的意识、血压、脉搏、呼吸及尿量等。⑤给病人保暖，医务人员到达后，应立即给止血药：云南白药，口服 0.3 ~0.5g，每 4 小时 1 次；安络血，口服每次 5mg，3 次/日；止血敏，肌内注射每次 0.25 ~0.5g，3 次/日；维生素 K_1 10mg，肌内注射 2 次/日。

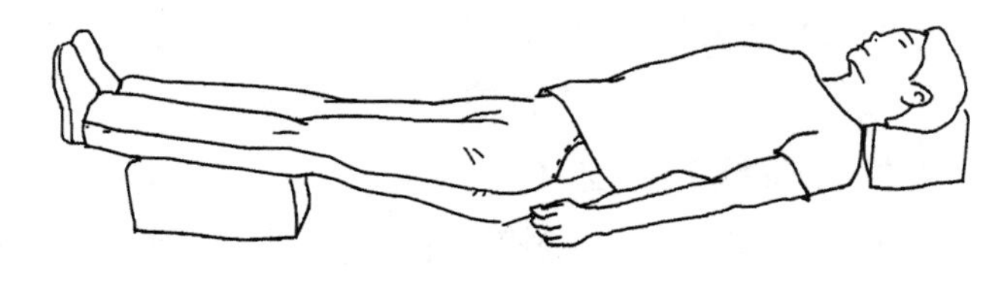

图 11-1　中凹卧位

【不要忘记】

（1）尽量少搬动病人，更不能让病人走动，紧急通知急救中心，同时严密观察病人的意识、呼吸、脉搏。

（2）暂时保留病人的呕吐物或粪物，粗略估计其总量，并保留部分标本待就医时化验。

（3）消化道出血的临床表现是呕血和便血，呕血前常有恶心或黑便，呕出来的血可能是鲜红色的，也可能是咖啡色的；便血可能是鲜红色或暗红

色，也可能呈柏油样黑色。

（4）应在医生的积极指导下治疗原发疾病。

（5）需要注意饮食，避免饮食不洁，饥饱失常，冷热不当或过食肥腻、辛辣、熏烤、煎炸及生冷等，日久会损害胃黏膜的防御功能，使胃黏膜产生病变。一日三餐饮食分配应合理，要新鲜洁净，清淡而易于消化。适当增加蛋白质和维生素。饮酒使胃黏膜充血、水肿、糜烂，还可造成维生素缺乏，凝血因子减少，血管脆性增加而导致出血。烟草中的尼古丁对胃黏膜有较强的有害刺激作用，可使胆汁返流，消化道黏膜受损，发生炎症、糜烂、溃疡、出血，须绝对戒烟忌酒。

12 哮喘急性发作

致命“味道”

今年44岁的赵先生是一位公务员，哮喘已经10多年了，经过规范的治疗，他的病情越来越稳定，后来停药了，哮喘也没有发作。前段时间，赵先生到外地出差，一进宾馆他就开始觉得不舒服，宾馆里面的味道很重，不知是不是刚刚装修过。结果当天晚上赵先生就出现了严重的哮喘大发作，被送到医院时已经昏迷，经过2小时的抢救，赵先生的生命体征已经平稳，经过15天的住院治疗，如今赵先生痊愈出院了。

【你知道吗】

哮喘病人突然发生喘息、咳嗽、气促、胸闷等症状，或原有症状急剧加重，称为哮喘急性发作。常因接触变应原等刺激或治疗不当所致，其根据临床特点可分为4级。轻度：步行或上楼梯时气短，可平卧，说话可连续成句，精神状态尚可，无辅助呼吸肌活动及三凹征，哮鸣音不明显，心率＜100次/分，氧分压正常，二氧化碳分压＜45毫米汞柱，血氧饱和度＞95%。中度：轻微活动后即感觉气短，需要坐起才能正常呼吸，说话断断续续，精神状态可，偶有焦虑和烦躁，偶有辅助呼吸肌活动及三凹征，哮鸣音清晰并广泛存在，心率＜120次/分；实验室检查氧分压60～80毫米汞柱，二氧化碳分压≤45毫米汞柱，血氧饱和度91%～95%。重度：休息时也能感觉到气短，只能端坐呼吸，说话只能说词语或单字，精神状态差，焦虑烦躁明显，有辅助呼吸肌活动及三凹征，哮鸣音清晰并广泛存在，心率＞120次/分，氧分压＜60毫米汞柱，

二氧化碳分压 >45 毫米汞柱，血氧饱和度 ≤90%。危重：不能讲话，呈嗜睡或意识模糊状态，胸腹矛盾运动，哮鸣音消失，多有心律失常，呈酸中毒状态，濒临死亡。

【最佳办法】

（1）首先设法使病人安静下来，鼓励多饮温水，并轻拍背部，以利痰液咳出。

（2）给病人吸氧，最好用湿化瓶湿化后再吸。

（3）病人因张口喘息，气管黏膜很易干燥，使痰发黏不宜咳出。可用一杯热水，让病人吸入热蒸汽，湿润气道黏膜，使痰液变稀从而易于咳出。

（4）使用平喘气雾剂。目前剂型较多，可选用对自己适合的药物，在深呼气时喷入口腔，可使哮喘好转（图 12-1）。但不宜在短期内应用过多，以免引起心动过速等副作用。

（5）因过敏因素引起的哮喘，可用抗过敏药物，如扑尔敏（氯苯那敏）、非那根（异丙嗪）、息斯敏（阿司咪唑）。同时积极寻找过敏原，避免再次吸入、接触或食用。

（6）选用祛痰药，如必嗽平（溴己新）、川贝枇杷露、化痰片、痰易净（乙酰半胱氨酸）等。

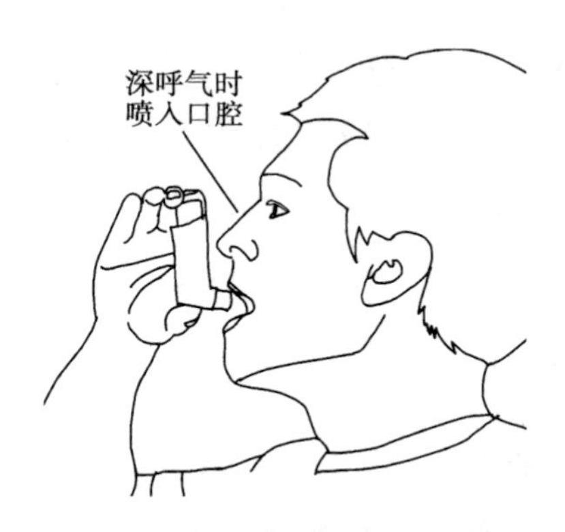

图 12-1　使用平喘气雾剂在深吸气时喷入口腔

不宜用止咳药，如咳必清（喷托维林）、可待因等，以免痰潴留肺内加重哮喘。

【不要忘记】

（1）稳定期的维持治疗是哮喘病人疾病长期管理的重点内容，可以明显减少病人哮喘急性发作次数。

（2）吸入激素是目前公认的有效且安全的哮喘治疗方法。只有规律应用激素才能抑制此类炎症。

（3）肺功能对于哮喘的诊断与评估很有价值，目前市场上有一种操作很简便的峰流速仪，可以自行购买一个以便自己在家里进行监测。

（4）注意饮食的营养，多进补，身体增强是消除哮喘的首要条件。寒凉性食品，如虾、蟹、鱼肝油及异性蛋白质之食物，要禁食二三年，易引起哮喘发作的萝卜（胡萝卜除外）及绿豆、香蕉、西瓜等应少吃，最好不吃。

13 喉阻塞

致命的花生米

某幼儿园一名3岁的孩子因为一粒花生米结束了她幼小的生命。事情是这样的，几个小伙伴在草地上愉快的玩耍，其中有一个小朋友从家中偷偷带来一包花生米，于是大方地分给小伙伴吃，年龄最小的甜甜口里含着最后一粒花生米，看到其他小伙伴都在草地上奔跑，也跟着一起跑，结果没跑两步就倒地不起。小朋友们马上告诉老师，老师看到甜甜面色青紫，也不知道怎么急救，马上抱起孩子去往医务室，结果在路上甜甜就没有了呼吸。

【你知道吗】

在生活中，喉部或邻近器官的病变使喉部气道变窄以致发生呼吸困难，我们把它叫做喉阻塞。根据发病急、缓，喉阻塞分为急性喉阻塞、慢性喉阻塞两类。根据病情轻重，喉阻塞可分为四度：一度喉阻塞，安静时无症状，哭闹、活动时有轻度吸气性困难；二度喉阻塞，安静时有轻度吸气性呼吸困难，活动时加重，但不影响睡眠和进食，缺氧症状不明显；三度喉阻塞，吸气期呼吸困难明显，喉鸣声较响，胸骨上窝、锁骨上窝等处软组织吸气期凹陷明显，因缺氧而出现烦躁不安、难以入睡、不愿进食，病人脉搏加快，血压升高，心跳强而有力，即循环系统代偿功能尚好；四度喉阻塞，呼吸极度困难，由于严重缺氧和体内二氧化碳积聚，病人坐卧不安，出冷汗、面色苍白或发绀，大小便失禁，脉搏细弱，心律不齐，血压下降，如不及时抢救，可因窒息及心力衰竭而死亡。

【最佳办法】

（1）解除窒息：无论大人或小孩都可以应用海姆立克式手法急救，并且应第一时间应用。

1）小儿：如果是 3 岁以下的小儿，立即把孩子抱起来，一只手捏住孩子颧骨两端，手臂贴着孩子的前胸，另一只手托住孩子后颈部，使其脸朝下，趴在救护人员膝盖上，拍孩子背部 1 ~ 5 次，

并且观察孩子是否将异物排出（图 13-1）。

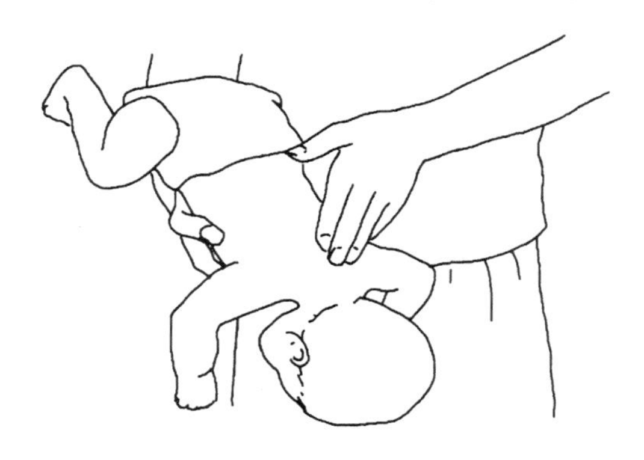

图 13-1　小儿俯位气管异物排除法

如经上述操作异物仍没出来，可采取另外一个姿势，将孩子翻过来，躺在坚硬的地面或床板上，抢救者跪下或立于其足侧，或取坐位，并将小儿骑在抢救者的大腿上，面朝前。抢救者以两手的中指或食指，放在小儿胸廓下和肚脐上的腹部，快速向上冲击压迫，但动作要轻柔。重复，直至异物排出（图 13-2）。抱不动的小儿，可迅速将其俯卧在自己的膝上，用膝盖顶其腹部，在背部正中拍打，直到异物排出。

2）成人：病人站立或坐下，抢救者站在病人背后，用两手臂环绕病人的腰部，然后一手握拳，将拳头的拇指一侧放在病人胸廓下肚脐上的腹部。再用另一手抓住拳头，快速向上冲击压迫病人的腹

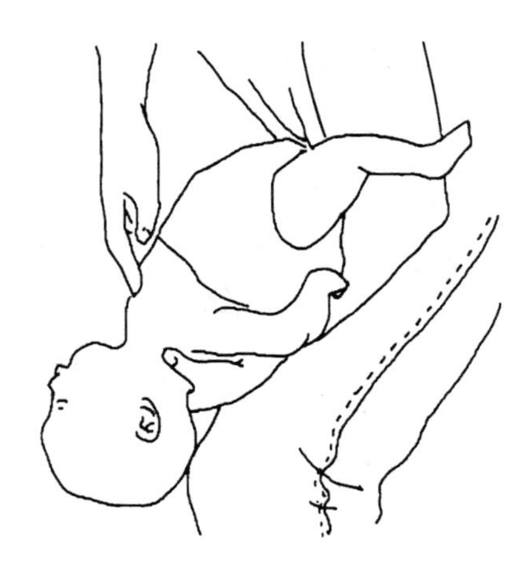

图 13-2　婴儿仰位异物排除法

部。重复以上手法直至异物排出（图 13-3）。

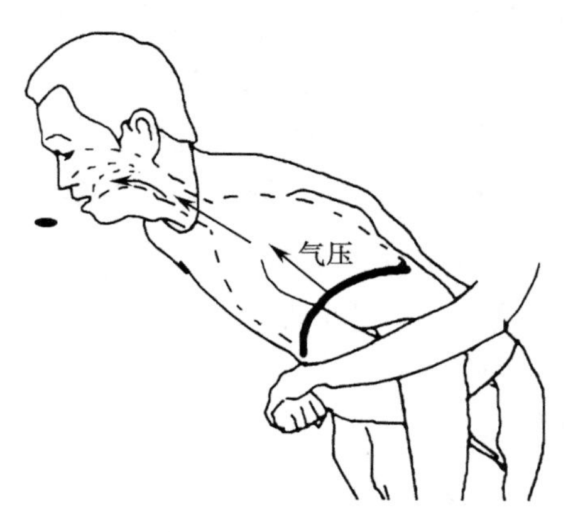

图 13-3　海姆立克急救法

3）昏迷者：病人仰卧位，头偏向一侧，抢救

者骑跨在病人腿上或跪于病人一侧，用一个手的手掌根部抵在病人胸廓下肚脐上的腹部，然后另一手压在此手上，迅速向内向上快速冲压。重复以上手法直至异物排出。

4）自救：若现场没有别人，应趁着自己意识清楚还有力气时积极自救。迅速用一个手握拳，将拳头的拇指一侧放在胸廓下肚脐上的腹部。再用另一手抓住拳头，快速向上重击压迫腹部。或者将上腹部靠在一固定的水平物体上，如椅背、桌边、栏杆等，以物体边缘压迫上腹部，快速向上冲击。重复上述手法，直至异物排出。

（2）现场抢救：异物排出后，若出现心跳呼吸停止，应立即实施心肺复苏术并尽快送医院救治。

【不要忘记】

发生喉阻塞时，因为说不出话，可以用一只手呈“V”字形扶住颈部，另一只手扶着这只手的手腕。

14 休克

车祸导致休克

王某，24岁，计程车司机。5小时前车祸急诊

入院。测体温为35.0℃，脉搏为128次/分，呼吸为32次/分，血压为80/50毫米汞柱，中心静脉压为4厘米水柱。病人意识清醒，极度烦躁，面色苍白，肢体湿冷，受伤后小便量为50毫升。初步诊断为“创伤性休克”。

【你知道吗】

机体遭受强烈的致病因素侵袭后，由于有效循环血量锐减，机体失去代偿，组织缺血缺氧，神经-体液因子失调，病人出现烦躁，意识不清，呼吸表浅，四肢温度下降，心音低钝，脉细数而弱，血压进行性降低等表现，我们把它叫做休克。按病因分为：低血容量性休克、血管扩张性休克、心源性休克。低血容量性休克为血管内容量不足，引起心室充盈不足和心搏量减少，如果增加心率仍不能代偿，可导致心排血量降低。血管扩张性休克通常是由于血管扩张所致的血管内容量不足，其循环血容量正常或增加，但心脏充盈和组织灌注不足。心源性休克是指心脏泵功能受损或心脏血流排出道受损引起的心排出量快速下降，而代偿性血管快速收缩不足所致的有效循环血量不足、低灌注和低血压状态。心源性休克包括心脏本身病变、心脏压迫或

梗阻引起的休克。

【最佳办法】

（1）求救：立刻向周围人群求救，并拨打120急救电话。

（2）院前急救

1）体位选择：立刻将被救护者摆放头和胸部抬高10°～20°、下肢抬高20°～30°的体位（图14-1）。抬高头及躯干部的目的在于降低膈肌平面，减少腹腔脏器上移对肺部的压迫，有利于胸廓活动，增加肺的通气换气，抬高下肢可增加静脉回心血量，从而相应增加有效循环血容量。若条件不允许，至少应保持平卧位不垫枕头，保证脑组织的灌注压。

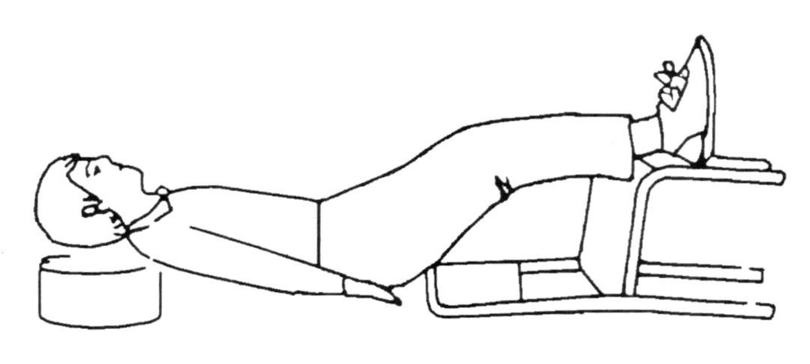

图14-1　休克的体位选择

2）减少搬动：搬动时动作要轻。应密切关注患者神志、瞳孔、脉搏、呼吸的变化，这些不需要医疗设备，只需要施救者仔细观察即可做到，同时保持周围环境安静，对被救护者进行安抚，保持相对正常的体温，体温过低时注意保暖，可局部轻柔，改善微循环，环境高温时尽量散热。

3）过敏性休克：若判断被救护者为过敏性休克，立即去除病因，使患者就地平卧，注意保暖，保持安静，指压内关、少商、合谷、足三里、人中等穴位。

4）心源性休克：如果被救护者或同伴亲属能提供简单的病史，初步判断为心源性休克伴有急性心功能衰竭时，应对被救护者采用半卧位，并尽量使双下肢下垂，以减少静脉回心血量，减轻心脏负荷。

5）创伤性休克：若被救护者存在外伤，应立即用止血带加压包扎，减少搬动，转运时动作应轻柔，以免加重外伤或者造成重要脏器损伤。尤其是有脊柱骨折的患者，转运时应进行轴线搬运，避免损伤脊髓。

6）如患者呼吸及心跳停止，应立刻给予心肺复苏进行施救。

（3）转运：转送至医院。

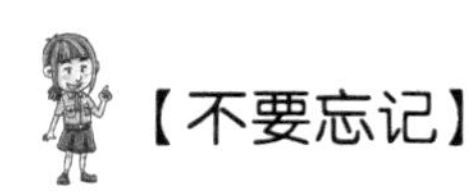

【不要忘记】

（1）学会辨别休克与晕厥：晕厥是大脑一时供血不足，缺氧导致的短暂意识障碍，持续时间短，一般为数秒钟至数分钟，去除病因或对症处理后往往能恢复意识。引起晕厥的常见原因包括强烈的刺激、饥饿、疲劳、疼痛、妊娠、中暑、站立过久、心脏功能异常等。

（2）意识恢复后仍可有面色苍白，全身无力，头痛，不愿意讲话或活动等。

突发意外篇

15 电梯失灵

孕妇被困电梯

刘小姐，26岁，私企白领，怀孕6个月仍坚持上班。某日在上班时突然感觉到胎动不安，刘小姐十分紧张，就立即打电话通知家人来公司接她去医院就诊。就在她乘坐的电梯显示下行到5楼的时候，电梯楼层按钮的灯突然全熄灭了，随后传来摩擦声响，电梯自行下降了一小段距离后停住了。所有的按钮均按不亮，电梯门也打不开。此时核载19人的电梯里还有近十个人，有人大声咒骂，有人徒劳的用力拍电梯门，刘小姐赶紧打公司保安的电话求救。大约5分钟后，公司保安带着物业管理人员将卡在5楼与4楼中间的电梯门打开，把里面的人一个个拉了出来，庆幸的是除了受点小惊吓外没有人受伤。

【你知道吗】

如今乘坐电梯已经成了我们日常生活中的一部分，电梯失灵的情况也屡见报道。导致电梯失灵的原因有很多，大致可以分为4个方面的因素：一是电脑控制系统故障；二是电梯安全保护装置回路出现了问题；三是电梯维护不到位导致的机械故障；四是人为使用不当。电梯失灵的表现也有很多，常见的有电梯内外厢门打不开、关不上或者突然打开，运行过程中突然停顿或快速下坠，楼层按键失效等。

【最佳办法】

（1）电梯坠落：①不论有几层楼，赶快把每一层楼的按键都按下。当紧急电源启动时，电梯可以马上停止继续下坠。②如果电梯内有手把，请一只手紧握手把。要固定你人所在的位子，以至于你不会因为重心不稳而摔伤。③整个背部跟头部紧贴电梯内墙，呈一直线。要运用电梯墙壁作为脊椎的防护，膝盖呈弯曲姿势。因为韧带是唯一人体富含弹性的一个组织，所以借用膝盖弯曲来承受重击压力，比骨头来承受压力来的大，要把脚跟提起，就是垫脚。电梯中人少的话最好要把两臂展开握住扶手或贴电梯壁。

（2）被困电梯：①保持镇定，并且安慰困在一起的人，向大家解释不会有危险，电梯不会掉下电梯槽。电梯槽有防坠安全装置，会牢牢夹住电梯两旁的钢轨，安全装置也不会失灵。②利用警钟或对讲机、手机求援，如无警钟或对讲机，手机又失灵时，可拍门叫喊，如怕手痛，可脱下鞋子敲打，请求立刻找人来营救。③如不能立刻找到电梯技工，可请外面的人打电话叫消防员。消防员通常会把电梯绞上或绞下到最接近的一层楼，然后打开门。就算停电，消防员也能用手动器，把电梯绞上绞下。

【不要忘记】

（1）遵守安全乘梯守则，避免不当乘坐行为导致电梯失灵。

（2）被困电梯时，如果外面没有受过训练的救援人员在场，不要自行爬出电梯（图15-1）。

（3）被困电梯时，千万不要尝试强行推开电梯内门，即使能打开，也未必够得着外门，想要打开外门安全脱身当然更不行。电梯外壁的油垢还可

图 15-1　被困电梯不要自行爬出电梯

能使人滑倒；电梯天花板若有紧急出口，也不要爬出去（图 15-2）。

图 15-2　被困电梯不要强开电梯门

（4）在深夜或周末下午被困在商业大厦的电梯，就有可能几小时甚至几天也没有人走近电梯。在这种情况下，最安全的做法是保持镇定，伺机求援。最好能忍受饥渴、闷热之苦，保住性命，注意倾听外面的动静，如有行人经过，设法引起他的注意。如果不行，就等到上班时间再拍门呼救。

16 人群踩踏

上海外滩踩踏事故

2014 年 12 月 31 日 23 时 23 分到 33 分，正值跨年夜活动，很多游客市民在上海市外滩迎接新年，黄埔区外滩陈毅广场进入和退出的人流对冲，在人行通道阶梯中间形成僵持，继而形成“浪涌”。到 35 分时，僵持人流向下的压力陡增，造成阶梯底部有人失衡跌倒，继而引发多人摔倒、叠压，最后导致拥挤踩踏情况发生。尽管在活动现场事先已经布置了大量警力和保安维持秩序，踩踏发生后有关部门紧急响应、积极处置，最后事件还是造成 36 人死亡，49 人受伤的惨痛后果。

【你知道吗】

踩踏一般是指在某一事件或某个活动过程中，因聚集在某处的人群过度拥挤，致使一部分甚至多数人因为行走或站立不稳而跌倒未能及时爬起，被人踩在脚下或者压在身下，短时间内无法控制、制止的混乱场面。当人意识到危险时，奔跑逃生是一种本能反应，这种因为恐惧而导致的“慌不择路”往往会将人推向更危险的境地。在一些现实案例中，许多伤亡者都是在刚刚意识到危险的时候就被拥挤的人群踩在脚下。当拥挤的人潮挤在一个不可压缩的物体上，比如一面墙、地面或者一群倒下的人身上，背后七八个人的推挤产生的压力就可能达到一吨以上。因此，遇难者的死因更多的是挤压性窒息——人的胸腔被挤压的失去了扩张的空间。在极端的踩踏事件中，人在遇难时甚至可以保持站立的姿态。

【最佳办法】

（1）用正确的方法自我保护：①遇到已经被人流裹挟，无法自主控制前进方向的时候，切忌停下脚步，也不要硬挤，而是应该一边顺着人流同步

前进，一边向斜前方偏移，直至移出人潮。②注意“一上一下”，即上方双手握拳架在胸前，就像拳击比赛时双方防守的动作，以尽量保护胸部不被挤扁。下方则要注意自己的脚步扎实稳重，不要被绊倒。③万一不慎摔倒，尽全力以最快的速度站起来；如果无法站起来，尽量跟随人群的方向和速度匍匐前进；如果已经无法移动，双手抱拳护住头部，将膝盖蜷缩至胸前侧卧，就像受惊的刺猬那样尽量蜷缩身体（图 16-1）。

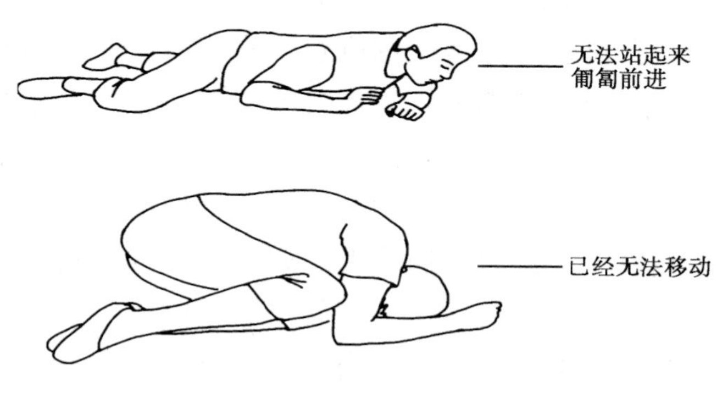

图 16-1　踩踏事件后摔倒的自我保护姿势

（2）积极救助他人：①踩踏通常是在一瞬间开始的，导火索往往是某个人的倒下，然后产生多米诺骨牌效应。因此，当身边有人站立不稳或已经倒下时，请立即施以援手将他迅速拉起来。对于儿童，可以将其举起超过肩膀。②当身边有人摔倒

时，应大声告知有人摔倒，提醒后面的人减慢速度，不要拥挤推搡。③踩踏事故发生后，救援人员往往难以在第一时间到达每一位需要救助的人身边，请积极帮助他人脱离受压的困境，对呼吸心跳骤停的人进行心肺复苏（具体步骤请参见本书第38章“呼吸心跳骤停”）。如果你不会，请大声呼救，对于这类病人时间就是生命。

【不要忘记】

（1）上下楼梯、通过狭窄过道时要相互礼让，不要横冲直撞。

（2）避免在人群中嬉戏打闹，与人潮方向保持一致，不要逆向硬挤。

（3）参加大型活动时应注意观察场地，留心逃生路线。

（4）当人群发生骚动时，不要跟着起哄、以讹传讹，以免造成不必要的恐慌而引发踩踏事故。

17 高空坠落

建筑工地上的高空坠落

李某，41岁，工人。某日在航空港建筑公司工地进行拆模施工，木板突然断裂，在毫无防备的情况下，从离地3米高的脚手架上跌落。事发后，工人们急忙过来看李某的情况，发现李某并没有明显外伤，而且有呼吸，于是，几名工人背上李某，到马路边准备拦车，等待二十几分钟，没有等到车，正好120救护车赶到，经现场救护人员检查及确定，李某已经死亡。据工人们描述，李某当时站在脚手架的一块木板上，木板大约10厘米宽，可能是木板太薄、没有系安全绳，导致悲剧的发生。

【你知道吗】

高空坠落，是指在距基准面2米以上（含2米）的高处坠落，在此过程中因坠落而造成的伤亡事故，称之为高处坠落事故。坠落事故高度低于3米者伤情较轻，愈后好；高度大于8米以上者，伤情危重，死亡率达10%。高空坠落通常有多个系统或多个器官的损伤，严重者当场死亡，除有直接或间接损伤器官表现外，还有昏迷、呼吸窘迫、面色苍白和表情淡漠等症状，经常可导致胸、腹腔内脏组织器官广泛损伤，如果抢救、护理能够准确、及时，可防止伤情恶化，减少病人痛苦，挽救病人

的生命。

【最佳办法】

（1）救护原则：排除险情、紧急呼救、切勿随意搬动伤员，除非处境会危害其生命，不要惊慌忙乱。

（2）救护重点：放在对休克、骨折和出血上进行处理。如：

1）颌面部伤员首先应保持呼吸道畅通，摘除义齿，清除移位的组织碎片、血凝块、口腔分泌物等，同时松解伤员的颈、胸部纽扣。

2）复合伤要求平仰卧位，保持呼吸道畅通，解开衣领扣。

3）发现或怀疑颈椎、脊柱骨折，用颈托保护颈椎（图 17-1），严禁随意搬动、抱扶、试作行走，应就地等候救护。搬运时，均应置于脊柱板、铲式担架、木板等硬质平整的担架上以免受伤的脊椎移位、断裂造成截瘫、死亡（图 17-2）。

4）病人手足骨折，应在骨折部位用夹板把受伤位置临时固定，使断端不再移位或刺伤肌肉、神经或血管。固定方法：以固定骨折处上下关节为原则，可就地取材，用木板、竹片等（图 17-3）。

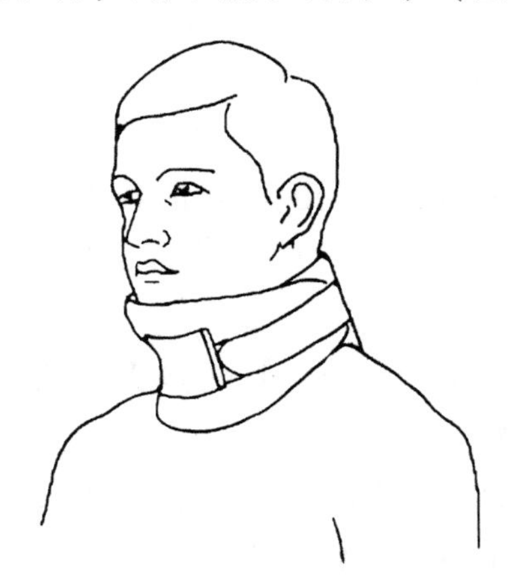

图 17-1　颈托固定方法

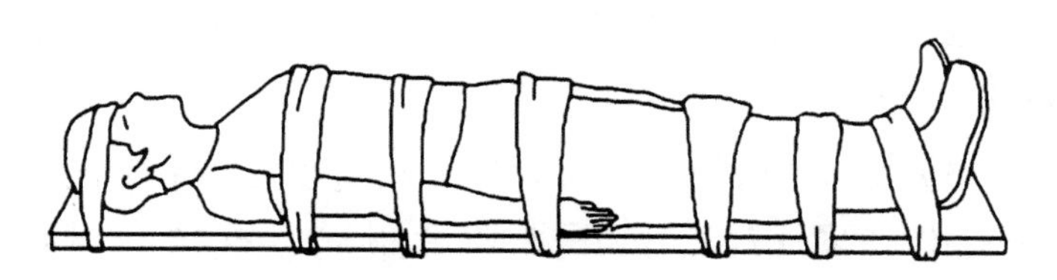

图 17-2　胸腰部脊柱损伤固定方法

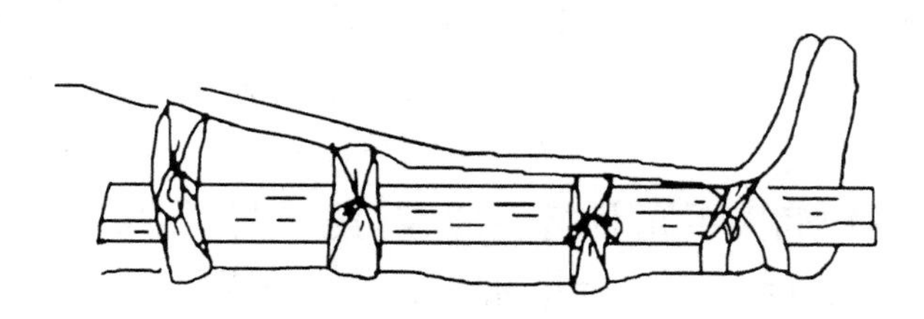

图 17-3　足骨折固定方法

5）周围血管伤，压迫伤口以上动脉，直接在伤口上放置厚敷料，绷带加压包扎以不出血和不影响肢体血液循环为宜（图 17-4）。上述方法无效时可采用止血带，但需谨慎，原则上尽量缩短使用时间，一般以不超过 1 小时为宜，注明上止血带时间（图 17-5）。

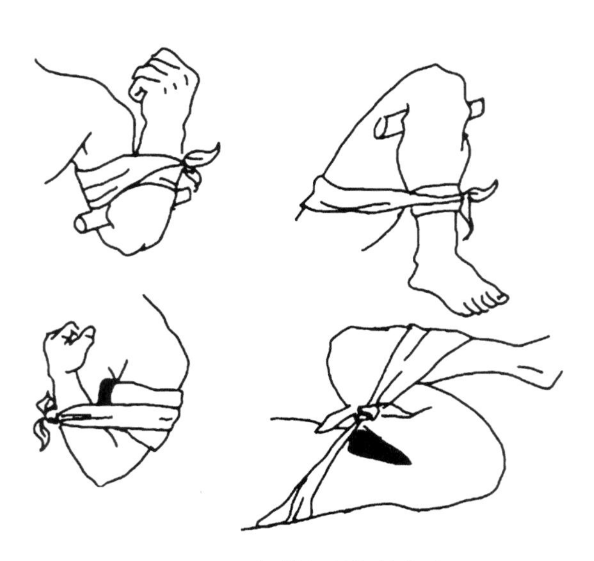

图 17-4　绷带加压包扎方法

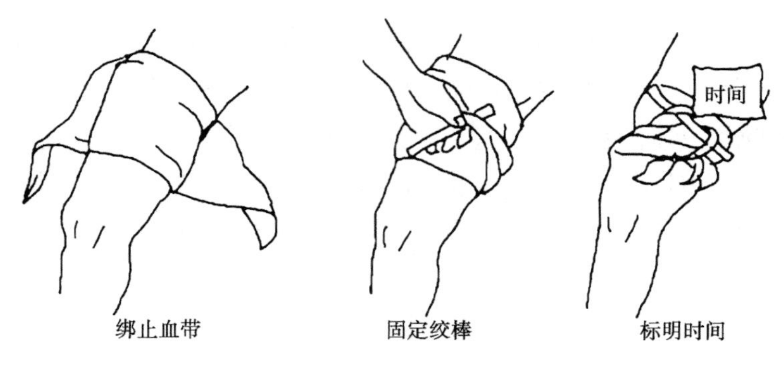

图 17-5　止血带加压包扎

【不要忘记】

（1）始终把抢救病人生命放在首位，没有确定病情情况时，切勿随意搬动。

（2）凡高处作业人员要配备安全帽、安全带和有关劳动保护用品；如果是悬空高处作业要穿软底防滑鞋。不准攀爬脚手架也不准从高处跳上跳下。身体条件要符合安全要求，患有高血压病、心脏病、贫血、癫痫病等不适合高处作业的人员，不能从事高处作业；对疲劳过度、精神不振和思想情绪低落人员要停止高处作业；严禁酒后从事高处作业。要按规定要求支搭各种脚手架。如架子高度达到 3 米以上时，每层要绑两道护身栏，设一道挡脚板，脚手板要铺严，板头、排木要绑牢。

（3）高空坠落伤的损伤部位和伤情程度取决于坠落高度、着地姿势、地面性质、年龄及体重等因素。高空坠落常伴有其他部位的连锁性损伤，以腹部、臀部、脊柱损伤较多，其损伤程度比交通事故伤重，更易引起伤残和死亡。

18 意外爆炸

液化气泄漏引发爆炸

漆女士，26 岁，某日回娘家看望父母，原本和邻居们一起待在楼下聊天，后来上楼了，不料她刚回去几分钟，就发生了爆炸。“当时爆炸声特别大，我们在隔壁都感觉房子震了一下，太吓人，当时还以为是地震呢。”隔壁居民说。事故后 2 楼以上的楼道内到处都是碎玻璃以及被炸飞的铝合金窗框，残片碎落一地，屋内一片狼藉，空气中弥漫着浓烈的烧焦味。家具东倒西歪，洗衣机也开裂了。爆炸引燃厨房旁边的一间房屋，房间内的被子、枕头等易燃物品被引燃。爆炸之后，就听到三楼传来哭声，当大家冲到三楼时，看到漆女士的头发已经被烧焦，全身通红、身体多处被“玻璃雨”割伤、划伤，手臂和腿部多处受伤。当时大家都吓得不敢碰她，不知所措。居民们赶紧打报警和急救电话，伤者送救及时，幸无生命危险。

【你知道吗】

爆炸指的是在极短时间内，释放出大量能量，产生高温，并放出大量气体，在周围介质中造成高压的化学反应或状态变化，破坏性非常强。爆炸对人的伤害分为爆炸力直接作用伤和爆炸力间接作用伤，对人体危害极大，可直接撕裂肢体、击碎骨骼、全身多发伤、烧伤、多脏器损伤、致残、致命等。在日常生活中，天然气、液化气、煤气等各种可燃气体逐步进入了千家万户。燃气在给我们带来方便的同时，也给家庭带来了危险。由于液化气罐、燃气灶引发的爆炸时有发生，爆炸多因人们使用液化气罐不规范、安全意识欠缺、厨房通风不好、软管长期使用不更换、阀门用久滑丝漏气等问题而引发爆炸。还有家里的一些常见物品，如微波炉、酒、各种电池、杀虫剂、氢气球、鞭炮等都是易爆炸的因素，存在安全隐患。爆炸伤都是突发事件，会在短时间内给爆炸事件周边的人造成相当严重的伤害，能否在短时间内做出最适当的处理，是受伤人员生命能否得到保全的最关键一步，也是后

续工作顺利展开的保证。到底我们应该怎么做呢？

【最佳办法】

（1）科学分工：①发生爆炸时立即卧倒，脚朝爆炸方向，或手抱头部迅速蹲下，或借助其他物品掩护，脸朝下、双眼紧闭、双手交叉放在胸前、额头枕在臂肘处、不让皮肤裸露（图 18-1）。②爆炸引起火灾，烟雾弥漫时，要作适当防护，尽量不要吸入烟尘，防止灼伤呼吸道；尽可能将身体压低，用手脚触地爬到安全处。③立即组织幸存者自救互救，并向 120、110、119 报警台呼救，爆炸事故要求刑事侦查、医疗急救、消防等部门的协同救援，在这些人员到来之前保护现场，维持秩序，初步急救。④将病人送到安全地方，帮助止血，等待救援人员到场。⑤撤离现场时应尽量保持镇静，别乱跑，防止再度引起恐慌，增加伤亡。

图 18-1　爆炸卧倒借助其他物品掩护

（2）抢救伤员：受伤后的病人，应首先看有无生命危险，对无异物的伤口止血包扎，防止和治疗休克。①有大量出血的病人处卧位，用干净纱布或清洁布类（如手帕等）放在伤口上，用绷带或围巾包扎固定即可达到止血目的。②如果发现大动脉出血，则需要使用止血带止血，但要牢记每隔1小时必须放松止血带15分钟，以免压迫过久造成肢体坏死（图18-2）。③安慰病人，大量资料显示，烧伤治疗的成功与否，与病人的心理状态好坏密切相关。对于大面积烧伤病人而言，心理护理是非常重要的，能够稳定其情绪，改善不良心理状态，对于治疗与护理是十分有利的。

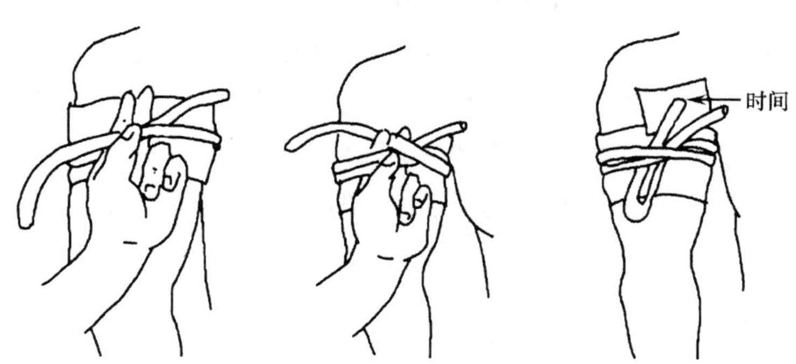

图18-2　橡皮止血带止血法

（3）创面早期合理处理：发生烧伤时，应早期对创面进行科学处理，降低烧伤造成的损伤。

①先冷疗，是在烧伤后将受伤的肢体放在流动的自来水下冲洗或放在水中浸泡，冷疗可降低局部温度，减轻创面疼痛。冷疗持续的时间以停止冷疗后创面不再有剧痛为准，大约为 0.5 ~ 1 小时。水温为 15 ~ 20℃。②不要错过创面处理的黄金时间，造成创面深部的不可逆损伤。有水疱者不要弄破，也不要将疱皮撕去，以减少创面受污染的机会。要用干净、清洁的被单或敷料包裹保护创面，然后将病人送医院进一步治疗。③皮肤被烧伤后，其损伤将是不可逆的，深度烧伤后疤痕的形成在所难免，但抓住烧伤后短暂的黄金时间对创面进行简单的处理，将大大减轻受损程度，减少疤痕的形成，病人的预后将大为改观。

（4）迅速转运：初步处理创面后，迅速将病人送往医院，进行治疗。

【不要忘记】

（1）无论什么时候应该始终把抢救病人生命放在首位。

（2）发生液化气爆炸时先切断气源，若不能立即切断气源，则应喷水冷却气罐，可能的话将气罐从火场移至空旷处。

（3）日常生活中发生烧伤或烫伤时，不要惊慌失措，大呼小叫，急忙往创面上涂酱油、碱或盐等，其实这些做法往往会影响创面的最佳处理，甚至加重病情，因为烧伤后热力已烧坏皮肤，而侵入体内的热量将继续向深层浸透，造成深部组织的迟发性损害。

19 化学制剂灼伤

实验课上试剂突然“发火”

某日，浦东一所中学的两名高一女生在化学实验课上做实验，老师安排两人一组做实验，使用的试剂是氯酸钾和红磷等。不料，试剂在实验过程中突然起火，两人还来不及逃离便被蹿起的火焰烧伤。老师见状立刻采取措施将火扑灭，并对她们的伤口进行简单处理，随后急送医院救治，经过老师的紧急处理及医务人员的紧急救治，两名女生才转危为安。

【你知道吗】

在生活中，人们接触化学制剂造成灼伤的损害程度，与化学制剂的性质、剂量、浓度、物理状态

（固态、液态、气态）、接触时间和接触面积的大小，以及当时急救措施等有着密切的关系。化学灼伤不同于一般的热力烧伤，化学灼伤的致伤因子与皮肤接触时间往往较热烧伤的长，因此某些化学伤可以是局部很深的进行性损害，甚至通过创面等途径的吸收，导致全身各脏器的损害。根据化学制剂的性质常见的有：酸灼伤、碱灼伤和磷灼伤。较常见的酸灼伤为强酸（硫酸、盐酸、硝酸），其共同特点是使组织蛋白凝固而坏死，能使组织脱水，不形成水疱，皮革样成痂，一般不向深部侵袭，但脱痂时间延缓。

【最佳办法】

（1）求救：立刻向周围人群求救，并拨打120急救电话。

（2）现场救护：①尽快脱去被化学物污染的衣裤、手套、鞋袜等。②立即用流动冷水冲洗20～30分钟以上，特别注意眼及其他特殊部位如头面、手、会阴的冲洗。有时应先拭去创面上的化学物质（如干石灰粉），再用流动水冲洗，以避免与水接触后产生大量热，造成创面热力烧伤等进一步损害。③冲洗完后可再用相应的中和剂：酸性化学物灼伤可用2%～5%碳酸氢钠溶液冲洗或湿敷；碱性化学物灼伤可用2%～3%硼酸溶液冲洗或湿敷（图19-1）。

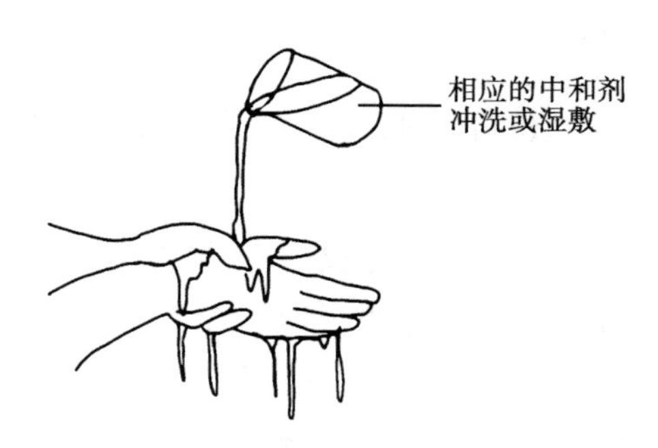

图19-1　化学制剂灼伤现场救护

（3）及时转运：冲洗后创面不要任意涂搽油膏或紫药水，可用清洁（纱）布覆盖，然后再送

专科医院治疗。

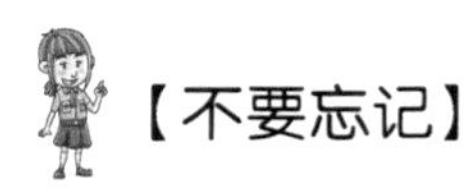

【不要忘记】

（1）病人脱离事故现场后，在脱去被化学物污染的衣裤、手套、鞋袜时，应注意保护自己的双手不再被化学物污染。

（2）被油性化学物灼伤后，在冲洗前最好先用（纱）布将油性化学物擦去，然后再用大量流动清水或自来水冲洗。

（3）磷烧伤后，应立即扑灭火焰，脱去污染的衣服，创面用大量清水冲洗或浸泡于水中，并仔细清除创面上的磷颗粒，避免与空气接触。然后可用1%硫酸铜清洗，形成黑色磷化铜，便于清除，最后再用清水冲洗（大面积磷烧伤时，不宜用1%硫酸铜清洗）。

（4）化学灼伤后创面冲洗时间，应根据不同情况随时掌握。一般酸或碱的灼伤在病人能耐受情况下，应冲洗到创面pH中性为止。在气温较冷的季节冲洗躯干部位时，不必过分强调冲洗时间，有条件的可用略温的水冲洗，以防病人休克。

20 不幸触电

不幸触电丧命

王某，男，25岁。某日在一建筑工地，发现潜水泵开动后，因为漏电，所以漏电开关自动跳闸，导致潜水泵停止运行。由于想尽快完工，王某便要求电工把潜水泵电源线不经漏电开关，接上电源，起初，电工不肯，但在王某的多次要求下照办了。潜水泵再次启动后，王某拿一条钢筋欲挑起潜水泵检查是否沉入泥里，当王某挑起潜水泵时，即触电倒地，经抢救无效死亡。

【你知道吗】

在生活中，人体直接接触电源，或在高压电和超高压电场中，电流或静电电荷经空气或其他介质电击人体而使之触电。其常发生于违反用电操作规程者，或因风暴、地震、火灾使电线断裂导致人体意外触电等。根据触电的类型可分为接触触电事故和非接触触电事故。接触触电事故是当人体触及带电体且形成回路时，有电流通过人体，这种通过人体电流的热效应、化学效应、生理效应对人体造成

的伤害；非接触触电事故是当人体接近、而非接触带电体，带电体对人体发生放电时，电弧或电火花对人体造成的伤害。

【最佳办法】

（1）求救：立刻向周围人群求救，并拨打120急救电话。

（2）科学处理

1）关闭电源：迅速拔掉插座或关闭电源，并派人守护电闸，以免在他人不知情时重新打开电源开关。

2）切断电源：如在野外或远离电源开关以及在电磁场效应的现场，抢救者不能近距离接近病人，应用绝缘的钳子、木柄、锄头等切断电源，并妥善处理电线断端。

3）挑开电源：如为高处垂落的电线触电，可用干燥木棍或竹竿等绝缘物挑开触电者身上的电线（图20-1）。

4）现场复苏：如病人发生心跳、呼吸停止，使病人迅速脱离电源后行紧急心肺复苏，把一只手的掌根放在正对心脏的胸骨下段，把另一只手重叠交叉放在该手背上面，并将手指联锁住，用手的后

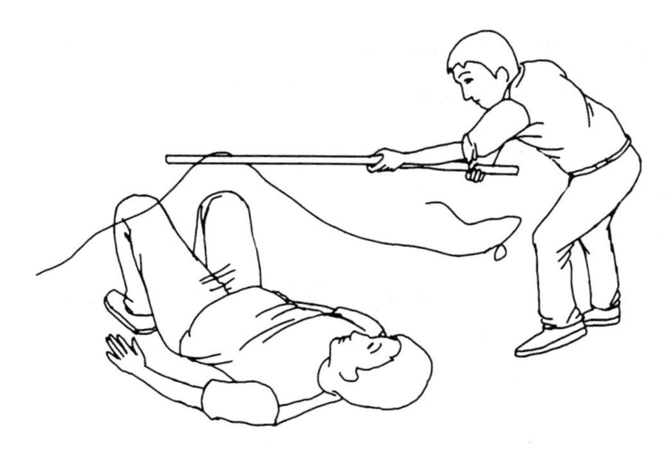

图 20-1　用绝缘物体挑开电线

掌垂直下压胸骨，使胸骨下陷 5 厘米以上迫使心脏输出血液，以每分钟 100 次的速率连续按压胸骨 30 次（见图 1-2），随后给予 2 次口对口人工呼吸（见图 1-3），一只手置于病人颈后，另一只手放在病人的前额上，使其头稍向后仰，以确保气道通畅，仔细查看和寻找口腔至咽喉有无食物、假牙等阻塞物或化学品，并随即用手指沿腔壁清除其间任何阻塞物，将放在前额的手移到病人的鼻子上，用拇、食两指捏紧鼻孔，同时将另一只手移放于病人下颌，向下施力将病人的口打开，用嘴盖住病人的嘴，务求严密不漏气，每次吹气完毕，让病人的胸廓自然回缩排出气体。如此，按

压心脏和口对口吹气交替着反复进行，并每分钟测脉搏一次，一直持续至脉搏出现为止。并检查触电者全身的受伤情况，及时转运至医院救治。

【不要忘记】

（1）始终把抢救病人的生命放在首位，保命第一。

（2）严密观察病人的呼吸、神志变化、脉搏、体温、血压变化。

（3）注意观察病人是否伴有颅脑损伤、气胸、血胸等其他合并伤。

（4）救护人不得采用金属和其他潮湿的物品作为救护工具。

（5）采取绝缘措施前，救护人不得直接触及触电者的皮肤和潮湿的衣服；在拉拽病人脱离电源的过程中，救护人宜用单手操作，这样对救护人比较安全；当病人位于高位时，应采取措施预防触电者在脱离电源后坠地受伤。

（6）夜间发生触电事故时，应考虑切断电源后的临时照明问题，以利救护。

21 勒缢

“可怕”的连衣帽

许多妈妈喜欢给小孩买带有绳子的连帽上衣和冬季棉帽子。因为这样的设计让衣服更好看，但连帽上衣和冬季棉帽往往有一条可调松紧的绳子，绳子就在脖子附近，一不小心会勾在尖锐的物体上勒伤脖子。小明，5岁，在幼儿园的楼梯间跟其他小朋友追赶玩耍。在跑下楼梯的过程中，衣服帽子上的绳子一下就勾住了楼梯栏杆。在他试图解开的过程中，由于紧张和方法不对，结果缠住了脖子，而且越是挣扎勒得越紧，脸都变红了，越发难受，好在一起玩耍的小芳即刻把老师喊了过来，帮他解开了衣绳，为了安全起见，老师将小明送往了医院检查。

【你知道吗】

勒缢可分自缢（上吊）、掐颈与绞颈等（图21-1）。自缢是自己用绳索勒住脖子自杀行为；掐颈是别人用绳索伤害他人的杀人行为；绞颈是因绳索或领带等被缠绕而勒住脖子的意外事故。在生活

中，很多小孩或大人都有可能被绳类似的东西绕住脖子，也就是勒缢中的一种，如果这种伤害一直持续，因气道被勒紧，空气无法进入肺内没法呼吸而窒息，以及颈部血管被阻碍运行，血液不能流入颅内，大脑与延髓缺血，有可能死亡（图 21-1）。

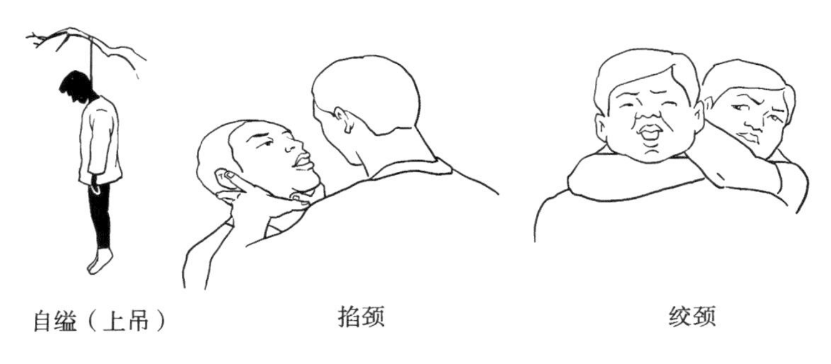

图 21-1　勒缢的类型

【最佳办法】

（1）求救：立刻向周围人群求救，并且拨打 120 急救电话。

（2）科学处理

1）立即有条不紊地将颈部勒索物解开。如自缢者仍悬吊着，应先抱住其身体后再剪断绳索，以防断绳后坠地摔伤，如自缢者站立吊颈，应先扶住其身体后再剪断绳索，否则会因其站立的身体突然倒下而摔伤。解脱后将其身体平放，以便实行抢救。

2）如勒缢者已没有了呼吸，判断颈动脉尚有搏动（图 21-2），心跳没有停止时，应立刻进行人工呼吸；如呼吸和心跳都已经停止，则须立即进行心脏按压和人工呼吸：把一只手的掌根放在正对心脏的胸骨下段，把另一只手重叠交叉放在该手背上面，并将手指联锁住，用手的后掌垂直下压胸骨，使胸骨下陷 5 厘米以上迫使心脏输出血液，以每分钟 100 次的速率连续按压胸骨 30 次（见图 1-2），随后给以 2 次口对口人工呼吸图（见图 1-3），一只手置于病人颈后，另一只手放在病人的前额上，使其头稍向后仰，以确保气道通畅，仔细查看和寻找口腔至咽喉有无食物、假牙等阻塞物或化学品，并随即用手指沿腔壁清除其间任何阻塞物，将放在前额的手移到病人的鼻子上，用拇、食两指捏紧鼻孔，同时将另一只手移放于病人下颌，向下施力将病人的口打开，用嘴盖住病人的嘴，务求严密不漏气，每次吹气完毕，让病人的胸廓自然回缩排出气体。如此，按压心脏和口对口吹气交替着反复进行，并每分钟测脉搏一次，一直持续至脉搏出现为止。这是义不容辞的当场抢救，越早进行恢复越好。

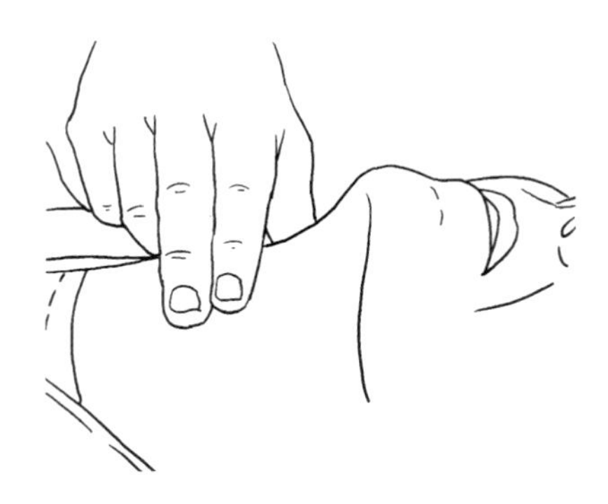

图 21-2　检查脉搏的方法

3）如勒缢者仍有呼吸和心跳，但没有意识或叫不醒时，应当迅速将其衣扣、腰带、裤头解开，保持现场空气流通，大声呼喊他的名字，用手敲拍其肩部或脸部，还可指掐人中（图 21-3）或手脚。

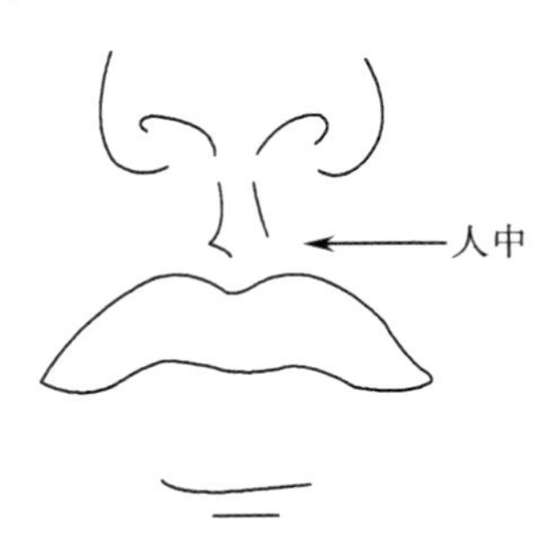

图 21-3　人中穴位

4）凡在行人工呼吸抢救时，如发现勒缢者呼吸道不畅通，可轻轻地将其下巴向前提，防止舌根后坠而阻断呼吸，而且有利于口水等分泌物的流出，必要时清除口内异物，保持呼吸道通畅。

（3）积极转运：如现场抢救成功，应给予心理上的安慰并帮助他去医院继续检查治疗，以免存在一些隐形伤害。

【不要忘记】

尽早尽快地实施现场急救是关键；施救时不要强行弄断勒索物，以免越勒越紧；及时寻求专业治疗。

22 歹徒抢劫

路遇劫匪

某天，小丽加班很晚，快到零点才回家，路过一安静的小巷子，小丽感觉有个人在跟踪她，心里有点紧张和害怕，也不敢回头，可是又不知道要怎么做，于是加快脚步，心想早点摆脱他便是。不料，那人追上了小丽，并拿着刀子要挟说把身上值钱的东西全部交出来，不然要她好看。小丽不知所措，只好乖乖交出钱包跟手机，眼巴巴望着那人扬长而去，暗自认为自己太倒霉，就当破财消灾，也就作罢。

【你知道吗】

在生活中，小丽这样的情况经常上演，又有多少人同小丽一样，事情发生后不了了之。其实他们的这种行为已经构成抢劫行为，甚至可能构成抢劫犯罪行为，是要受到不同处罚或刑法处理的。抢劫罪（刑法第263条），是以非法占有为目的，对财物的所有人、保管人当场使用暴力、胁迫或其他方法，强行将公私财物抢走的行为（图22-1）。也就是说，只要他发生了抢劫行为，原则上都构成抢劫罪，只是有既遂和未遂的区分，如果报警，公安机关应当立案侦查。

图22-1　歹徒抢劫

【最佳办法】

（1）临危不乱，确保自身安全：一旦遇到抢劫，确保自身生命不受伤害是最重要的，在以这个为前提，应当找机会逃脱或者找机会寻找帮助并与歹徒搏斗，特别是在周围有人的时候，一定要大声呼救，引起别人的注意并分散歹徒的注意力或使他感到害怕，以便找机会逃离，如没有人、无法摆脱歹徒的情况下，不妨顺从歹徒的要求，一切照办，适当放弃财物确保自身安全，行动要迅速，不要争辩、不要逃跑，无论匪徒是否持械，逃跑会引起匪徒特别的注意，徒增受伤甚至丧命的危险。如遇歹徒伤害，可正确采取正当防卫。

（2）多观察，注意抢劫者的各种特征：①抢劫者的自身明显特征，如身高、口音、长相、衣服等。②作案使用的各种工具特征，如抢劫成功，是靠什么离开的、离开的方向等。

（3）积极报警：遇到抢劫，要及时拨打“110”报警，千万不要耽误报警。报警时要说明抢劫的地点及抢劫者的相关信息等，但不要太快挂断电话，如离得不远，很可能看见劫匪车子的外形及逃走方向，应立即告知警方。

（4）敢于挺身：遇到他人被抢劫时，应见义勇为，挺身相助，帮助被害人逃离危险并积极报警，并为警方提供线索。同时，确保自身安全为前提，在自我能力范围内积极制止并抓获抢劫者。

【不要忘记】

（1）出门在外，应当时刻保持警惕，让坏人无机可乘。

（2）一旦发生抢劫行为，确保自身安全是首要，留得青山在，不怕没柴烧。

（3）不能纵容抢劫行为，应积极维护自身利益。

（4）为了使国家、公共利益、本人或者他人的人身、财产和其他权利免受正在进行的不法侵害，而采取的制止不法侵害的行为，对不法侵害人造成损害的，属于正当防卫，不负刑事责任。

23 遭遇性侵害

留守姐妹屡遭6名村民强奸

14岁的小花和12岁的小英是一对姐妹，家住粤西一个山村。由于父母在外打工，小姐妹常年独

居在家，只有姨妈偶尔上门照顾。一个夜晚，一名男子翻墙闯入了她们家中。她们在惊恐和绝望中惨遭蹂躏。小姐妹像惊弓之鸟，每天都害怕黑夜的来临。可是，因为歹徒的威胁，她们选择沉默，连自己的姨妈和父母都不敢以实情相告。可是，噩梦并没有因此而结束。相反，灭绝人性的蹂躏接踵而至。“闻讯而来”翻墙而入的歹徒从一个增到两个，三个……到最后，先后闯入她们家中对她们实施强奸的人竟然多达6人，而且，这种情况持续了两年。终于，在两年后的一天，她们的父母从亲戚处知道了一切。他们当即报案。最终，6名犯罪分子落网，可是，对于小花和小英而言，心灵的创伤却成了永远的伤害。

【你知道吗】

性侵害是指加害者以威胁、权力、暴力、金钱或甜言蜜语，引诱胁迫他人与其发生性关系，并在性方面造成对受害人的伤害的行为。一般认为，只要是一方通过语言的或形体的有关性内容的侵犯或暗示，从而给另一方造成心理上的反感、压抑和恐慌的，都可构成性骚扰。性侵害，主要是指在性方面造成的对受害人的伤害。性骚扰和性侵害是危害

女生身心健康的主要问题之一。由于男性、女性的社会地位和角色不同，相对而言，性骚扰和性侵害的对象常以女性为多。

【最佳办法】

（1）求救：遭遇性侵害前，想办法向附近的人求救、拨打110报警电话，遭遇性侵后，拨打110报警电话、120急救电话。

（2）筑起思想防线，提高识别能力。女生特别应当消除贪图小便宜的心理，对一般异性的馈赠和邀请应婉言拒绝，以免因小失大。谨慎待人处事，对于不相识的异性，不要随便说出自己的真实情况，对自己特别热情的异性，不管是否相识都要倍加注意。一旦发现某异性对自己不怀好意，甚至动手动脚或有越轨行为，一定要严厉拒绝、大胆反抗，并及时向有关部门报告，以便及时加以制止。

（3）行为端正，态度明朗。如果自己行为端正，坏人便无机可乘。如果自己态度明朗，对方则会打消念头，不再有任何企图。若自己态度暧昧，模棱两可，对方就会增加幻想、继续幻想，继续纠缠。在拒绝对方的要求时，要讲明道理，

耐心说服，一般不宜嘲笑挖苦。终止恋爱关系后，若对方仍然是同学、同事，不能结怨成仇人，在节制不必要往来的同时仍可保持一般正常往来关系。参加社交活动与男性单独交往时，要理智地有节制地把握好自己，尤其应注意不能过量饮酒。

（4）学会用法律保护自己。对于那些失去理智、纠缠不清的无赖或违法犯罪分子，女生千万不要惧怕他们的要挟和讹诈，也不要怕他们打击报复。要大胆揭发其阴谋或罪行，及时向领导和老师报告，学会依靠组织和运用法律武器保护自己。千万注意不能“私了”，“私了”的结果常会使犯罪分子得寸进尺，没完没了。

（5）学点防身术，提高自我防范的有效性。一般女性的体力均弱于男性，防身时要把握时机，出奇制胜，狠准快地出击其要害部位，即使不能制伏对方，也可制造逃离险境的机会。人的身体各部位都可以用来进行自卫反击，头的前部和后部可用来顶撞，拳头、手指可进行攻击，肘朝背部猛击是最强有力的反抗，用膝盖对脸和腹股沟猛击相当有效果，用脚前掌飞快踢对方胫骨、膝盖和阴部常非常有效……（图 23-1）同时，要注意设法在案犯身上留下印记或痕迹，以备追查、辨认案犯时做

证据。

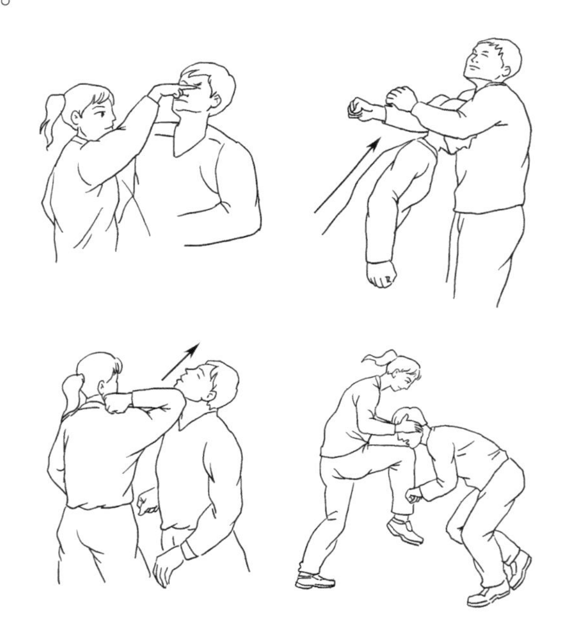

图 23-1　遭遇性侵害的自我防身术

【不要忘记】

（1）义正词严，当场制止。你可以大喝一声："住手！想干什么"？"耍什么流氓"？

（2）处于险境，紧急求援。当自己无法摆脱坏人的挑衅、纠缠、侮辱和围困时，立即通过呼喊、打电话、递条子等适当办法发出信号，以求民

警、解放军、老师、家长及群众前来解救。

（3）虚张声势，巧妙周旋。当自己处于不利的情况下，可故意张扬有自己的亲友或同学已经出现或就在附近，以壮声势；或以巧妙的办法迷惑对方，拖延时间，稳住对方，等待并抓住有利时机，不让坏人的企图得逞。

（4）主动避开，脱离危险。明知坏人是针对你而来，你又无法制服他时，应主动避开，让坏人扑空，脱离危险，转移到安全的地带。

（5）诉诸法律，报告公安。应果断地报告公安部门，如巡警、派出所，或向学校、未成年人保护委员会、街道办事处、居民委员会、村民委员会、治保委员会等单位或部门举报。

（6）心明眼亮、记牢特点。凡是能作为证据的，尽可能多的记住，并注意保护好作案现场。

（7）堂堂正正，不贪不占。不贪图享受，不追求吃喝玩乐，不受利诱，不占别人的小便宜。

（8）遵纪守法，消除隐患。平日不和不三不四的人交往，不给坏人在自己身上打主意的机会，不留下让坏人侵害自己的隐患。如已经结交坏人做朋友或发现朋友干坏事时，应立即彻底摆脱同他们的联系，避免被拉下水和被害。

24 路遇车祸

高速夺命

2015年10月10日6时55分，兰南高速南阳往许昌方向K257公里处先后发生两起追尾事故：一起为4车追尾，一起为5车追尾，两起事故共造成1人死亡，3人受伤，多车不同程度受损。

【你知道吗】

车祸，指行车时发生的伤亡事故，造成的伤害大体可分为减速伤、撞击伤、碾挫伤、压榨伤及跌扑伤等，其中以减速伤、撞击伤为多。减速伤是由于车辆突然而强大的减速所致伤害，如颅脑损伤、颈椎损伤，主动脉破裂、心脏及心包损伤，以及“方向盘胸”等。撞击伤多由机动车直接撞击所致。碾挫伤及压榨伤多由车辆碾压挫伤，或被变形车厢、车身和驾驶室挤压伤害同时发生于一体。车祸已成为当今社会公害，为城市人口死亡的四大原因之一（图24-1）。

图 24-1　路遇车祸

【最佳办法】

（1）求救：当车祸发生后，在拨打“122”电话报警，同时立即拨通 120 急救电话紧急抢救受伤人员。

（2）科学处理：①对心跳呼吸停止者，现场施行心肺复苏：把一只手的掌根放在正对心脏的胸骨下段，把另一只手重叠交叉放在该手背上面，并将手指联锁住，用手的后掌垂直下压胸骨，使胸骨下陷 5 厘米以上迫使心脏输出血液，以每分钟 100 次的速率连续按压胸骨 30 次，随后给以 2 次口对口人工呼吸，一只手置于病人颈后，另一只手放在病人的前额上，使其头稍向后仰，以确保气道通畅，仔细查看和寻找口腔至咽喉有无食物、假牙等

阻塞物或化学品，并随即用手指沿腔壁清除其间任何阻塞物，将放在前额的手移到病人的鼻子上，用拇、食两指捏紧鼻孔，同时将另一只手移放于病人下颌，向下施力将病人的口打开，用嘴盖住病人的嘴，务求严密不漏气（若条件许可，可使用塑料面罩或气管插管进行加压人工呼吸），向病人口中吹气并同时观察病人的胸廓有无扩大隆起，每次吹气完毕，让病人的胸廓自然回缩排出气体。如此，按压心脏和口对口吹气交替着反复进行，并每分钟测脉搏一次，一直持续至脉搏出现为止。②对失去知觉者宜清除口鼻中的异物、分泌物、呕吐物，随后将伤员置于侧卧位以防窒息。③对出血多的伤口应加压包扎，有搏动性或喷涌状动脉出血不止时，暂时可用指压法止血；或在出血肢体伤口的近端扎止血带，上止血带者应有标记，注明时间，并且每20分钟放松一次，以防肢体的缺血坏死。④就地取材固定骨折的肢体，防止骨折的再损伤。⑤遇有开放性颅脑或开放性腹部伤，脑组织或腹腔内脏脱出者，不应将污染的组织塞入，可用干净碗覆盖，然后包扎；避免进食、饮水或用止痛剂，速送往医院诊治。⑥当有木桩等物刺入体腔或肢体，不宜拔出，宜离断刺入物的体外部分（近体表的保留一段），等到达医院后，手术时再拔出，有时戳入的物体正好刺破血管，暂时尚起填塞止血作用。⑦若有胸壁浮动，应立即用衣物，棉垫等充填后适当加压包扎，以限制浮动，无法充填包扎时，使伤员卧向浮动壁。⑧若有开放性胸部伤，立即取半卧位，对胸壁伤口应行严密封闭包扎，救护人员中若能断定张力性气胸者，有条件时可行穿刺排气或上胸部置引流管。

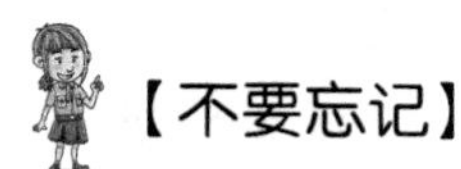

（1）无论多大的车祸都需要报警，确保伤者安全。

（2）原则上尽量不要移动伤者，但若出事地点太危险，则找人帮忙，小心地将伤者搬移至安全场所，用三角板警示标志提醒后方来车。

（3）车祸时，无论伤势多么轻微，即使看来毫发无伤，也一定要接受医师诊治。

25 轮船遇险

夺命之旅

2014 年 4 月 16 日上午 8 时 58 分许（北京时间 7 时 58 分），韩国一艘载有 462 人的客轮“岁月”

号在韩国西南部海域沉没，截至17日上午，已有4人在事故中遇难，另有284人失踪，174人获救。事故客轮共载有462人，包括325名前往济州岛修学旅行的学生和15名教师。专家分析，由于客轮沉没时间太长，失踪乘客恐难生还。

【你知道吗】

据有关数据统计，每年约有10万人遭遇海难，其中有三分之一可以获救。一般而言，船只在水上行驶时会遇到起火、相撞、遭风浪袭击、翻船等险情。生命宝贵，轮船发生意外时，盲目的跟着已失去控制的人乱跑乱撞是不行的，一味等待他人救援也会贻误逃生时间，借助自己所掌握的生存技能、身旁的物品，设法自救至关重要。如果自救困难，则应尽量争取时间，向外求救。

【最佳办法】

（1）轮船起火时：如果火势蔓延，封住走道，来不及逃生者可关闭房门，不让浓烟、火焰侵入。乘客应听从指挥向上风方向有序撤离。撤离时，可用湿毛巾捂住口鼻，尽量弯腰、快跑，迅速远离火区。情况紧急时，也可跳入水中（图25-1）。

图 25-1　轮船起火处理方法

（2）两船相撞时：当两船即将相撞时，人们应迅速离开碰撞处，避免被挤压受伤。同时就近迅速拉住固定物，防止摔伤。情况紧急时，应听从船上工作人员的指挥，弃船逃生（图 25-2）。

图 25-2 两船相撞时处理方法

（3）需要弃船时：乘客听到沉船警报信号时（一分钟连续鸣笛七短声，一长声），立即穿好救生衣，听从指挥依次序登救生艇（筏）离船：此时应只带贵重物品，不要带食品和行李。按各船舱中的紧急疏散图示方向离船。乘客可利用内梯道、外梯道和舷梯逃生，船上工作人员会要船上乘客向客船前部、尾部和露天板疏散，必要时可利用救生绳、救生梯向水中或来救援的船只上逃生，也可穿上救生衣跳进水中逃生。

（4）弃船后：应尽快远离出事船只，因为下沉的船舶会造成漩涡，把人卷入。

【不要忘记】

（1）保持冷静，沉着应对，要听从工作人员的指挥，迅速穿上救生衣，不要惊慌，更不要乱跑，以免影响客船的稳定性和抗风浪能力。

（2）必须弃船跳水时，如果水性不是很好，只能勉强保护自己而无力救助他人时，应尽量不要从他人面前游过，以免被没有水性的游客抓住不放，而耽误自救，导致双双遭遇不幸。

（3）如果不慎落水，除了保持身体悬浮于水面之外，最重要的要引人注意，寻求救援或呼救，拍击水面发出声音是行之有效的办法。

（4）救生筏载人不宜过多，如果人员过多，反而增加了全体人员再次落水的危险性。

（5）在寒冷的气候中应蜷缩身体，用物品如帆布等包裹身体或大家拥在一起等方法保持体温，并适度活动身体以保持血液流通，防止肌肉或关节僵硬。

（6）须具有不怕困难的坚强意志和生存下去的坚定信念，要克服绝望、恐惧心理，能经受饥饿、寒冷、干渴、晕船等考验。

26 飞机失事

“安全”又“危险”的交通工具

2015 年 3 月 24 日，一架德国之翼航空公司的

A320客机在法国南部阿尔卑斯山区坠毁，法国警方和航空官员已证实坠机事件。坠毁客机上150人或已全部遇难。这架航班当地时间约10时从西班牙东北部城市巴塞罗那起飞，前往德国西部城市杜塞尔多夫，原定航程大约一个半小时。

【你知道吗】

一次飞行可以划分为起飞、初始爬升、爬升、巡航、下降高度、开始进场、最后进场、着陆8个阶段。以1.5飞行小时的航段来说，每个阶段在整个飞行过程中所占的时间比例不同，发生事故的几率也不相同。总的说，起飞和着陆占总飞行时间的6%，但事故发生率却高达68.3%，所以又称为“黑色10分钟”。所谓飞机的“黑色10分钟”，是指绝大多数空难都发生在飞机起飞阶段的三分钟与着落阶段的七分钟。但事故一旦发生，留给机上旅客的逃生时间远没有三分钟、七分钟这么长。飞机失事的原因有很多，如：机械故障、恶劣的气候、电磁波干扰、油箱爆炸、大鸟袭击等。飞机失事前常有一些预兆：机身颠簸，飞机急剧下降，舱内出现烟雾，舱外出现黑烟，发动机关闭，一直伴随着的飞机轰鸣声消失等，在高空飞行时一声巨响，舱

内尘土飞扬，这是机身破裂舱内突然减压的征兆。业内人士认为，失事后一分半钟内是逃生的“黄金”时间。此时无论是一个常识的错误或是设备使用的不熟练都足以致命。

【最佳办法】

（1）不要惊慌忙乱，保持镇静：如果飞机正在紧急迫降，要按乘务员的指示采取防冲击姿势：小腿向后收，头部前倾尽量贴近膝盖（图 26-1）。这个姿势可以降低旅客被撞昏或者脊椎受伤的风险。有婴儿的父母不要把婴儿抱在怀中，因为婴儿可能在冲击下被抛离；且坠机时父母往往身体前倾，压住孩子。

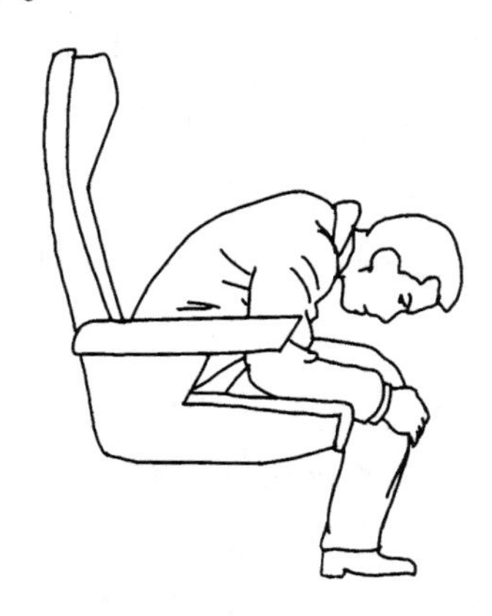

图 26-1　飞机紧急迫降时防冲击姿势

（2）飞机成功迫降后，旅客要立刻解开安全带逃离：迅速解安全带这条建议乍听下有些可笑，但在紧急状态中，即使是机组人员也有可能解不开安全带，所以应特别注意不要慌乱。下一步就是尽快离开飞机。如果有空乘人员组织疏散，一定要听从安排，一股脑儿地涌向出口极有可能堵死求生通道。

（3）成功离开飞机后，哪怕担心机内的家人，也不要留在飞机附近。飞机即使不爆炸，也会因为燃烧产生有毒气体。

【不要忘记】

（1）不要与同伴分开。一家三口乘机旅行时，如果分开坐，一旦发生空难，彼此的第一反应可能是寻找同伴，这无疑减少了有限的逃命时间。如果不得已分开坐了，记得告诫孩子不要在原地等着父母来救，要积极逃生。

（2）认真听乘务员讲解，熟读安全手册。旅客往往认为每架飞机上的讲解都一样，没必要细听，但事实上不同机型的逃生口是不一样的。

（3）数一数距离逃生口有多少排座位。旅客很难做到每次买机票时都特意买哪个具体的座位，那么记得数数你和最近的两个逃生口之间隔着多少排，以便能在一片黑暗和烟雾中迅速摸着椅背到达出口——为什么要多记一个？因为各种意外可能导致其中一个不可用。

（4）尽量选择信用记录良好的大型客机。小飞机的安全系数一般比不上大飞机；选择直飞航班以减少起飞和降落的次数，因为从概率上来说，飞机失事基本是发生在这两个阶段；能穿长袖就别穿短袖，一旦起火，长袖可以给你提供更多的保护。

户内生活篇

27 鱼刺卡喉咙

误吞鱼刺扎穿主动脉

47 岁的阳春市菜贩严女士，某日，在菜市场工作的她一边吃饭一边跟顾客讨价还价，一不留神把鱼骨头吞进了肚子。她当即感觉吞咽东西有异物感，而且胸部出现疼痛并逐渐加剧，但到当地医院诊治却未发现明显异常。上述症状反复出现，数月后，她连续头晕了 4 天，还发现大便发黑，最后晕厥倒在地上，这次，她在当地医院做 CT 查出食管下段可能有异物，刺穿了食管及邻近的主动脉，最后她经历了两场大手术，切除了病变的胸主动脉壁，再用人工血管置换，又取出两根鱼刺状异物，修补了食管破损，才总算脱离了生命危险。据悉，为了这两根小小的鱼刺，严女士花了近 20 万元医疗费。

【你知道吗】

生活中总是时刻都充满着意外，鱼刺卡喉咙是日常生活常见的，虽然不是大问题，但是也要警惕。一般来说，卡住鱼刺的位置有三个：左右扁桃体处、喉咙梨状窝处和食管。前两个部位比较轻，只需用镊子就可取出。但如果处理不当，鱼刺就会“走”到更深的地方，卡在食管里，此处位置较深，且食管两侧都有血管，稍有不慎，就可能刺破血管。不妨学习一下下面的急救措施。

【最佳办法】

（1）立即停止进食，减少吞咽动作。如果是孩子，不要让其哭闹，以免将鱼刺吸入喉腔。

（2）低头大弯腰，做猛咳动作，或用一只筷子刺激咽后壁，诱发呕吐，如果鱼刺刺入软组织不深，就可被挤压喷出；如果仍然无效，可以用汤匙或牙刷柄压住舌头的前部分，通过手电筒或小镜子，仔细观察喉部，发现鱼刺用镊子夹住，轻轻拔出，如卡刺者咽部反射敏感，恶心难以配合，可以让其张开嘴，发“啊”的声音，以减轻不适。

（3）转送医院：如果还是没有解决，说明鱼

刺位置较深，不易发现，这时就要及时到医院就诊，医生使用专业器具，取出鱼刺仅需5分钟。

【不要忘记】

（1）较大的或扎得较深的鱼刺，无论怎样做吞咽动作，疼痛不减，喉咙的入口两边及四周如果均不见鱼刺，就应去医院治疗。

（2）当鱼刺卡在嗓子里时，千万不能囫囵吞咽大块馒头、烙饼等食物（图27-1）。虽然有时这样做可以把鱼刺除掉，但有时这样不恰当的处理，不仅没把鱼刺除掉，反而使其刺得更深，更不易取出，严重时感染发炎就更麻烦了。

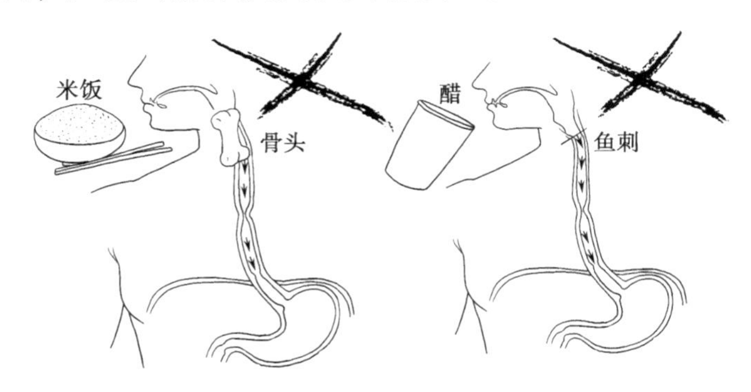

图27-1　食管异物的不正确排除方法

（3）有时鱼刺已掉，但还遗留有刺的感觉。

所以要等待观察一下，如果仍感到不适，就一定要到医院请医生诊治。

（4）鱼刺刺着喉头的说法并不正确，多数是鱼刺藏在舌根或咽喉的入口处。

28 进食出现噎呛

八十岁老人吃馒头进医院

河北景县的王某今年八十多岁，平时的饭菜由其子女喂。某日中午，她吃了一块馒头后突然停止了咀嚼，脸憋得通红。由于王某患有脑血管疾病，其子女不敢用力帮她敲击后背，赶忙拨打了120求助。等待期间，王某已经被噎到窒息昏迷。王某被送往医院，老人当时已昏迷，如果不及时清理咽喉，可能出现生命危险。庆幸的是王某抢救及时，在吸出堵住咽喉的食物后渐渐苏醒。

【你知道吗】

在生活中，噎食窒息并非罕见，尤其老年人、儿童、精神病病人等特殊群体，目前每年噎食性猝死约有75%以上发生在老年人。儿童噎呛是指儿童进食时，食物误入气管或卡在食管第一狭窄处压

迫呼吸道，引起严重呼吸困难，甚至窒息。儿童由于咽喉管在生理，形态及功能上发育不完全，同时，因细胞之间的联系失调，对食物的刺激不灵敏，感觉和传递信息速度慢，所以儿童极易容易发生噎呛。年老或行动不便的卧床病人，平卧于床上进食，食管处于水平位，吞服时食物易黏附在喉部引起噎呛。

【最佳办法】

（1）早期：①当发现有人噎食就地抢救，立即用手抠出口内积存食物，对意识清楚的人，可鼓励其咳嗽或吐出食物；②当发现阻塞物为易碎的食物如馒头、面包等，抠出的同时可将其倒转，用手叩击其背，使其滑出。

（2）中期：①立即用汤匙柄或手指刺激咽喉部催吐或置于侧卧位，头低45°，拍击胸背部，协助其吐出食物。②海氏法：冲击腹部及膈肌下软组织，产生向上的压力，压迫两肺下部，从而驱使肺部残留气体形成一股气流，长驱直入气管，将堵塞气管、咽喉部的异物驱除。例如成人救治法：急救者站在病人身后，从身后抱住病人腰部，病人上身前倾，急救者双手掌相握，掌心放在病人腹部，双手在病人腹部向内向上提压，反复进行，利用膈肌向上的冲击力可将食物推出气管。

（3）窒息状态：就地将病人置于侧卧，用单手或双手在病人腹部向胸部上方推压，反复进行，也是利用膈肌向上的冲击力，将食物推出气管（图28-1）。病人处于严重窒息的情况下时，可采取紧急处理的方法，将病人置平卧位，肩胛下方垫高，颈部伸直，摸清环状软骨下缘和环状软骨上缘的中间部位即环甲韧带（在喉结下），稳准地刺入一个粗针头于气管内，暂缓缺氧状态，以争取时间进行抢救，必要时配合医生行气管切开术。

图28-1　噎呛窒息急救示意图

【不要忘记】

（1）预防老年人及儿童噎食，除了及时治疗各种诱因疾病外，还应注意做到“四宜”：食物宜软、进食宜慢、饮酒宜少、心宜平静。

（2）很大一部分老年人噎食时常被误认为是冠心病发作而延误了最佳抢救时机，所以一定要正确判断、评估噎食的临床表现。

（3）抢救要诀。一喊：喊病人，了解意识情况；喊其他人来帮助。二掏：从病人口腔掏取异物，尽可能保持呼吸道通畅。三拍背：尽快让病人低头弯腰拍其背部，促使异物排出。四挤：根据情况，尽快挤压胸部、腹部冲击救护。五吸：必要时吸痰、吸氧。六体征：注意观察病人生命体征。

29 过度饮酒致酒精中毒

送别的酒杯

老李，40 岁，业务经理。某日在陪客户谈生意的时候喝了很多酒，同事把他送回家之后就走了，他老婆下班回家，看到他躺在床上呼叫他没应，就以为他睡着了。第二天醒来，看他还是没反应，这才着急起来。拨打120送到医院，但经过抢救，老李还是没有抢救过来，医生告诉家属，老李是因为过度饮酒，导致急性酒精中毒，因为错过了最佳抢救时间而导致死亡。

【你知道吗】

在日常生活中，人们因为喜好、应酬、社交等方式持续性的喝酒造成重度饮酒、酗酒，我们称之为过度饮酒。过度饮酒是指1年内至少几次出现相对短暂的狂饮，可持续数天或数周（见狂饮）。过度饮酒容易造成急性酒精中毒、慢性酒精中毒及酒精性脂肪肝等。急性酒精中毒可能引起胰腺炎，造成胰腺分泌不足，进而影响蛋白质、脂肪和脂溶性维生素的吸收和利用，严重还导致酒精性营养不良。长期大量饮酒引起慢性酒精中毒造成机体营养状况下降、食欲下降，刺激并损伤食管、胃、肠道黏膜，伤害肝脏，影响肝脏的正常解毒功能，增加患高血压、中风等疾病的危险，增加患乳腺癌和消化道癌的危险，易导致骨质疏松骨折的发生，导致酒精依赖症、成瘾等。

【最佳办法】

（1）对轻度中毒者：首先要制止他再继续饮酒，其次，可找些梨子、马蹄、西瓜之类的水果给他解酒；或用柑橘皮适量，焙干，研成细末，加入食盐少许，温开水送服，或绿豆50～100克，熬汤饮服；也可以用刺激咽喉的办法（如用筷子等）引起呕吐反射，将酒等胃内容物尽快呕吐出来（对于已出现昏睡的患者不适宜用此方法），然后要安排他卧床休息，最好是侧卧，注意保暖，避免呕吐物阻塞呼吸道，观察呼吸和脉搏的情况，如无特别，一觉醒来即可自行康复（图29-1）。

图29-1　轻度酒精中毒者侧卧

（2）重度酒精中毒者：应用筷子或勺把压舌根部，迅速催吐，然后用1%碳酸氢钠（小苏打）溶液洗胃。如果患者呼吸减慢或不规则，或者出现抽搐、大小便失禁、昏迷不醒等情况，为危险症状，应立即打 120 呼救电话，送患者到医院诊治，医院治疗常用纳洛酮、输液等治疗。

【不要忘记】

（1）不空腹饮酒。空腹酒精吸收得快，易醉，而且空腹喝酒对肠胃伤害大，容易引起胃出血、胃溃疡等。

（2）不要喝碳酸饮料如可乐、汽水等一起喝，这类饮料中的成分能加快身体吸收酒精。

（3）饮酒宜慢不宜快。饮酒后 5 分钟乙醇就可以进入血液，30 ~ 120 分钟时血液中乙醇浓度可达到顶峰。饮酒快则血中乙醇浓度升高快，很快就会出现醉酒状态。若慢慢饮入，体内可有充分的时间把乙醇分解掉，就不易醉酒。

（4）吃药后绝对不要喝酒，特别是在服过安眠药、镇静剂和感冒药后。

（5）急性酒精中毒者大多神志不清，呕吐物返流，误吸入气管，极易发生窒息的危险，故应立即将病人平卧，头侧向一边。

（6）急性酒精中毒者大多体温不升，此时末梢循环适应能力较差，面色苍白，四肢冰冷，冬季应用热水袋或电热毯保暖，以促进血液循环，维持

体温和增加舒适感。

30 吃了不洁食物

小馋猫

小蕊，6岁。一天放学回到家，爷爷奶奶正好买了葡萄回家，她很高兴地吃起来，也没有顾得上洗洗。晚饭后，小蕊就开始腹痛、腹泻。爷爷奶奶急忙带她去医院，医生告诉家属，孩子患了急性细菌性痢疾。

【你知道吗】

细菌性痢疾是小儿常见的急性肠道传染病，它是由志贺菌引起，多在夏秋季节流行，好发生于1~6岁的小儿。主要是由于吃了被细菌污染的食物引起。如：未洗干净的瓜果蔬菜、没有热透的剩饭菜等；其次是因孩子不洗手或没洗干净就用手抓东西吃；再就是没有有效隔离痢疾病人。临床常表现为发热、腹痛、脓血便。细菌性痢疾起病急、进展快、传染性强，可导致惊厥、昏迷，严重者可致呼吸、循环衰竭，对儿童的生命健康有极大的危害。

【最佳办法】

（1）一旦出现腹泻等消化道疾病症状时，不要自行吃药，要去医院就诊，及时就医才是对付疾病的最好方式。

（2）小儿夏季最忌讳冷的、热的、油腻的一起吃；饭前吃水果、冷饮的习惯，容易导致孩子正餐吃不下去，打乱了吃饭规律，造成孩子消化液分泌失常。此外，家长要合理掌握孩子“进口”的冷饮数量，不能一味满足孩子的要求。

（3）专家提示：肠道疾病发病急，并且常造成许多人同时患病。要预防肠道传染病“病从口入”（图 30-1），主要的方法有：①食品采购中，应选择新鲜食物，病死的家禽、家畜、不新鲜的水产品不要购买。②烹调时，炊具要注意消毒，生熟食品用的炊具要分开。下厨者也要注意个人卫生，要勤剪指甲勤换衣服。③在饮食中，要合理膳食，坚持做到“五不”，即：不喝生水，不吃炝虾，不进食无证不洁食品，不吃变质食品，不生食海鲜水产品。④保持生活环境卫生清洁，消灭可传播肠道传染病的蚊蝇、蟑螂等害虫。⑤生活要有规律，保证充足的睡眠，增强体力，有助于预防肠道传染病；

预防肠道传染病“病从口入”

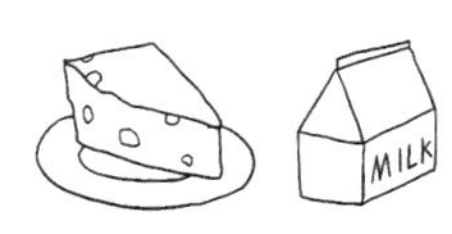

选择新鲜食物

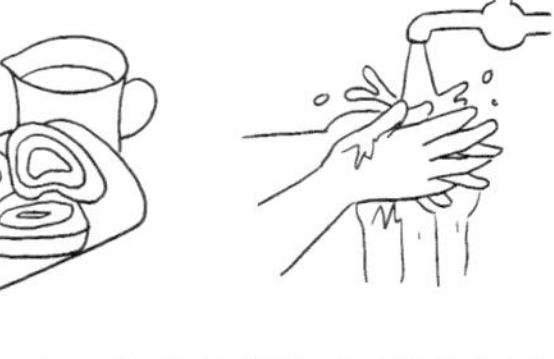

炊具要消毒，生、熟食品用的炊具要分开
下厨者也要注意个人卫生

不喝生水

保持生活环境卫生清洁

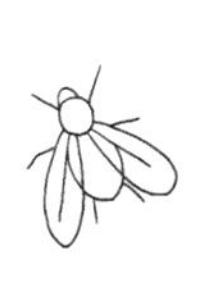

消灭可传播肠道传染病的蚊蝇、
蟑螂等害虫

对污染的物件、地方进行消毒

图 30-1　预防肠道传染病病从口入示意图

⑥与霍乱、痢疾、伤寒病人有密切接触的人，可在医生指导下服用抗生素。痢疾、伤寒、甲型肝炎等可用疫苗进行预防，接种简单、经济、安全和有效，特别是儿童学生和经常旅游出差的人士最应接种。⑦家中有吐泻、发热病人应立即到医院检查，确诊病人宜留院隔离治疗，直至医生允许出院为止。家中病人用过的物品特别是餐具、衣物应单独洗涤，用速消净、漂白水等进行浸泡，对污染的物件、地方进行消毒。尤其是要注意家中婴幼儿保育喂养卫生，及时妥善处理婴幼儿粪便。

【不要忘记】

（1）当天的食物不要放到第二天再吃，天热食物很容易变质，细菌容易生长。切开的水果，如西瓜等要尽量吃完，不然用保鲜膜封好，放到冰箱保存，但是时间也不要超过24小时。

（2）夏天，卤菜比较受欢迎，但是做卤菜的人如果不注意卫生，吃的人很容易感染病菌，故少吃为妙。

（3）在选购食品时，应选择新鲜食物，病死的家禽、家畜、不新鲜的水产品不要购买。即使对于盐腌过的食品，也不能掉以轻心，因为致病性嗜

盐菌就可能在盐腌的食品中繁殖。

（4）烹调时，饮具要注意消毒，生熟食品用的炊具要分开。

（5）凉拌菜宜少吃，吃时应洗净，并用冷开水冲洗。瓜果宜洗净去皮再吃。

（6）苍蝇与蟑螂等害虫能作为肠道传染病的媒介，因此，消灭苍蝇与蟑螂也是预防夏季肠道传染病的重要措施之一。

31 误服药物

3 岁幼童误服药物，生命垂危

2014 年 7 月 30 日，3 岁的平平因为误服了 10 多颗治疗精神病的药物，生命垂危。据平平的爷爷回忆，7 月 29 日下午 5 时多，他从地里干活回来，就发现平平走路不稳，嘴巴不停流口水，一摸身上冰凉的。随后，他发现平时放在抽屉里的一瓶治疗精神病的药物已少了一大半，可能是平平偷吃了这种叫做“氯氮平”的药物。30 日凌晨 4 时，平平被送到省儿童医院重症监护室时，已深度昏迷，无自主呼吸，平平被诊断为急性药物中毒、中毒性脑病、急性脑水肿、中枢性呼吸衰竭、中毒性心肌炎，病情十分危重，随时有生命危险。

【你知道吗】

生活中，误服药物的事情常有发生。据强生公司与全球儿童安全组织发布的《2014 儿童用药安全报告》研究数据表明，中毒是发生在家中的第一大儿童伤害，其中，药物中毒的比率从 2012 年的 53% 上升至 2013 年的 64% 。而对于老年人而言，由于身体功能的退化，普遍患有多种疾病，服用的药物种类较多、方法较复杂，再加上老年人记忆力及认识分辨能力下降，很容易造成误服、漏服、多服和服用变质、过期的药品等，给老年人的身体健康带来危害。

【最佳办法】

（1）科学分工：不要惊慌忙乱，保持镇静，如现场人多，可分工抢救。一部分人与急救中心联系，争取时间；一部分人立即对患者进行初步急救处理。

（2）初步急救处理：①如果错服了维生素、滋补类药、助消化药、抗过敏药等副作用很小的药，不必做特殊处理，只要多喝些水，使药物稀释

并及时从尿中排出；②如果错服了常规剂量的抗菌药、巴比妥、安定、阿托品等或普通中成药，需多量饮水，并观察有无不适症状出现；③如误服了剧毒药、大剂量避孕药、安眠药、具有腐蚀性的药物等，则应及时送往医院治疗，切忌延误时间，如果情况紧急，来不及送医院，必须立即拨打急救电话，并给患者催吐（图 31-1），即用手指刺激咽部，使药物呕吐出来，然后喝大量茶水或者肥皂水反复催吐洗胃，此后，喝杯牛奶和3-5 枚生鸡蛋清，以养胃解毒；④误服碘酒，应赶紧给喝米汤、面糊等淀粉类流质食物，以阻止机体对碘的吸收；⑤误服了强碱药物，应立即服用食醋、柠檬汁、橘汁等；⑥误服了癣药水、止痒药水、驱蚊药水等外用药物，应立即让患者多喝浓茶水，因茶叶中含有鞣酸，具有沉淀及解毒作用；⑦误服药物不明，可用木炭或馒头烧成炭研碎加浓茶水灌服，以吸附毒物起解毒作用。

图 31-1　催吐示意图

（3）迅速转运：经过早期紧急处理后，送医

院急救时，应记住将患者误服的药物瓶子或药或呕吐物带上。

【不要忘记】

（1）误服药物后，原则上都应该帮助患者呕吐出来解毒。但以下情况以不让病人呕吐为好：失去意识时，抽搐时，误服如蜡、香蕉水、漂白剂、洗涤剂、石油等。

（2）家里药物集中放，成人药与儿童药要分开，外用药与口服药要分开，应保留药品的外包装，所有药物都必须注明药品名称、用途、用量、剂量及有效期，且应放在一个既固定、孩子又拿不到的地方，并注意药品的有效期，及时清理家庭小药箱。

（3）用正确的行为引导孩子。许多药品的色彩、形状以及甜味的糖衣对不懂事的孩子来说，都是一种极大的诱惑。平时喂孩子吃药时，不要骗他们说是糖果，而应告诉他们正确的药名与用途。

32 洗澡发生晕厥

独居老人，险丧命

王奶奶，75 岁，独居，一天居委会的志愿者

来看望老人，敲了许久门，一直没人应答或开门，但可以从门外听到电视机的声音，志愿者很不放心，就报了警，联系了居委会的管理人员。原来，老人不慎在家洗澡摔倒晕厥，幸亏志愿者上门探望时发现险情，目前，老人仍在医院接受治疗。

上个月，市区一独居老人也是洗完澡摔倒，结果家人没有及时发现，报警后民警发现时老人已经死亡。

【你知道吗】

洗澡是可以消除疲劳，增进健康，尤其在寒冷的冬天泡个热水澡，享受着热腾腾的暖流在身体上游走，是一件十分美妙的事情。可在放松及享受的同时，有的人，特别是中老年人，常会出现心慌、头晕、四肢乏力等现象，严重者会失去知觉，发生晕厥跌倒等意外事件。那什么是晕厥呢？晕厥是指由于一过性广泛性脑供血不足所致的短暂意识丧失状态，发作时患者因肌张力消失不能保持正常姿势而倒地。特点为迅速的、短暂的、自限性的，并且能够完全恢复的意识丧失。欧洲心脏学会新的晕厥指南根据导致晕厥发生的不同原因将其分为三类：反射性晕厥、直立性低血压性晕厥、心源性晕厥。

其中以反射性晕厥最常见，其次为心源性晕厥。晕厥本身往往没有生命危险，但导致晕厥发生的原因很复杂，且存在反复发作的可能，处理不当甚至会有生命危险，所以需要及时正确的鉴别和有效的处理，以降低晕厥导致的伤害程度。

【最佳办法】

（1）不要惊慌忙乱，保持镇静。

（2）评估患者情况，根据不同的情况采取对应的急救措施：①若患者只是出现心慌、头晕、四肢乏力等现象，身体并没有受伤，应立即叫人帮助患者离开浴室，躺在床上休息（注意不要扶着病人走，因为这时病人处于低血压状态，站立后会使脑缺血进一步加剧），并喝一杯热水，慢慢就会恢复正常。②若患者失去知觉，应先检查患者是否受伤，若没有受伤，应立即将其平抬出浴室，以脱离低氧环境。出浴室后让病人保持平卧，最好不垫枕头，用身边可取到的书、衣服等把腿垫高，使腿与地面约呈 20 度角（图 32-1），让心脏血液集中供给头部。可用手指掐患者的人中、百会、内关、涌泉等穴位，以促进患者苏醒。待稍微好一点后，喂些热糖水或热茶，并将窗户打开通风，以利于患者

身体恢复。③若患者病情经过上述处理后还没有好转或是发生不明原因的晕倒，应立即拨打急救电话。

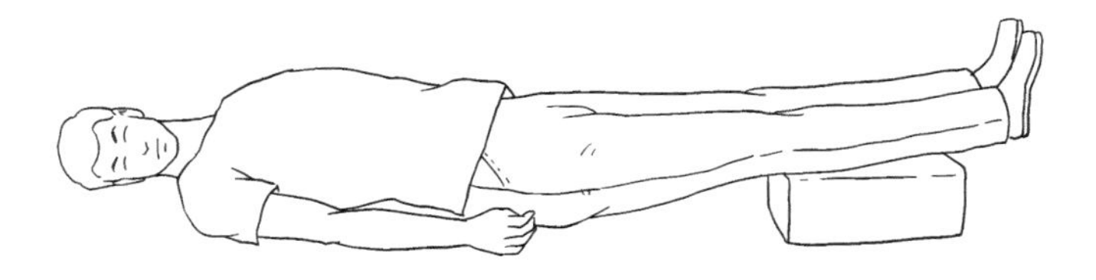

图 32-1　平卧位，将腿垫高，使腿与地面约成 20°角

（3）在对患者进行急救处理时，应注意观察患者的心跳与呼吸，注意保暖。

【不要忘记】

（1）不要在饥饿时或饱餐后洗澡。

（2）洗澡时间不宜过长，盆浴 20 分钟、淋浴 5～10 分钟即可。洗澡时间过长，会加重大脑的缺氧程度，更易发生晕厥。对于老年人而言，会加重其疲劳感和心脏负担，导致意外事件发生。

（3）特殊人群不要单独洗澡，如有冠心病、高血压、血脂异常症、糖尿病、颈椎病的老年人，体质虚弱和大病初愈者及儿童，洗浴时最好有专人陪护。

（4）酒醉后不宜马上洗澡，因为酒后洗澡，血糖得不到及时补充，易发生头晕、眼花、浑身无力、晕厥等意外事件。

（5）洗澡时禁忌吸烟，洗完之后立即离开浴室。

33 煤气大量泄漏

煤气杀手

2013 年 5 月 16 日某市某小区内发生了一起意外，一男青年在使用燃气热水器洗浴时，因不注意通风导致一氧化碳中毒身亡。

2013 年 5 月 25 日晚，家住长沙郊区的马老伯在家中闻到一股液化气味，怀疑是液化气漏气，他打开放液化气的橱柜门，点燃打火机查看，引起液化气爆燃，将马老伯及旁边的女儿严重烧伤。

2014 年 10 月 15 日，上海市嘉定区安亭镇昌吉路某号，一居民家发生液化石油气爆燃事故，原因是调压器手轮和连接管处、橡皮膜片处液化石油气泄漏遇明火造成爆燃。

【你知道吗】

天然气和液化气具有易燃、易爆和燃烧后废气中含有一氧化碳等有毒气体的特点。现在的煤气早

已进入万家房厨，但是煤气安全始终是引人注意的问题，秋冬季节气温低、气压低、室内空气流通不畅，因此最容易导致煤气中毒事故的发生。大量煤气泄漏不仅可能造成爆炸着火、中毒等重大事故。对于我们来说，如果吸入过量的一氧化碳，将会造成呼吸系统衰竭，发生窒息，严重者将造成中毒而死亡。

【最佳办法】

（1）不要开关任何电器：各种电器开关、插头与插座的插接都会产生火花，如室内泄漏的煤气达到一定浓度，都会引起煤气爆炸。家中如有冰箱，煤气泄漏时是最危险的，当压缩机自动起动时，同样也会引起爆炸。这时，应立即到室外电闸处切断电源。

（2）不要使用电话：因为当人们拿起或放下话筒时，电话机内会产生瞬间高电压，机内的叉簧接点会产生火花，也会引起煤气爆炸。

（3）防止静电产生的火花，不要在室内穿、脱衣服：人们一般穿脱衣服，都会产生静电，特别是混纺、尼龙服装。据测试，在室内较干燥的情况下，脱毛衣产生的静电最高电压达 2800 伏；脱棉衣为2600伏；脱混纺服装为5000伏；而脱尼龙服装静电可达10000伏。一般静电电压达到2300伏即可引起煤气爆炸。

（4）要立即打开门窗通风，关闭煤气的阀门，向有关部门报告：以便查明原因，对泄漏处进行及时维修，避免发生恶性事故（图33-1）。

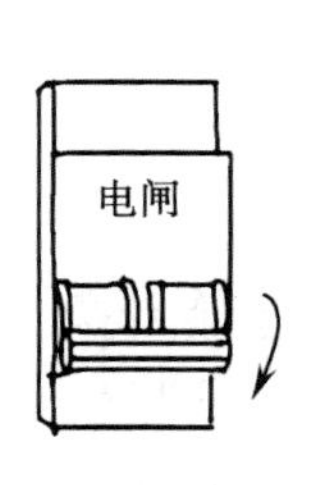

立即到室外电闸处切断电源

不要使用电话

防止静电产生的火花
不要在室内穿、脱衣服

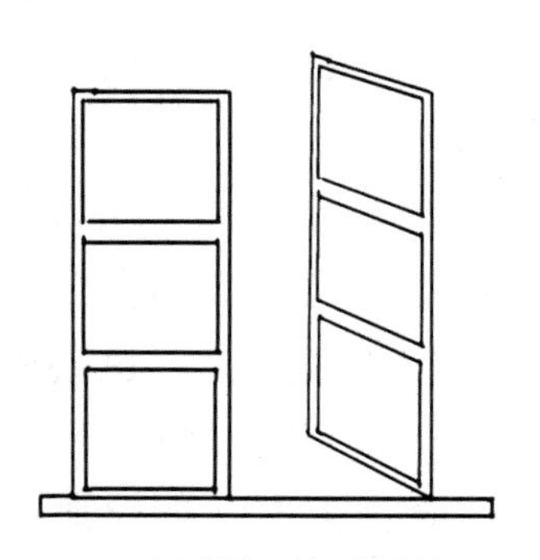

要立即打开门窗通风

图33-1 煤气大量泄漏急救示意图

【不要忘记】

（1）严禁在厨房和有天然气设备的房间内睡觉。

（2）禁止自购和乱拉乱接软管；软管不能超过1.5米。

（3）严禁私自拆、装、移、改天然气管道设备，禁止搬弄天然气表。

（4）不要将天然气管道作为电线接地线。

（5）一定要远离漏气处拨打求救电话，以防意外。

（6）天然气灶具、气表、热水器周围不要堆放易燃物品。

（7）能将室内天然气管道、气表包裹封在室内装饰材料内，避免管道腐蚀、破损泄漏。

（8）使用完毕或者长时间不使用燃气（如外出探亲、旅游等），注意关好天然气灶或热水器开关，做到人走火灭；同时将表前阀门关闭，确保安全。

34 锐器刺破血管

不懂事的代价

冰冰因为嫌弃婷婷读书声音大，影响自己学习

而发生争执，为了更好地解决“问题”，二人相约中午在寝室用“武力”来解决。中午二人如约来到寝室，在发生激烈争吵后，婷婷拿出事先准备好的不锈钢刀刺向冰冰的膝盖处。此时的冰冰并不以为然，还倔强地坐在床上说：“捅，我让你捅”。而婷婷看着汩汩涌出的鲜血却不知所措了，她慌忙地拨打了110和120，然后抱起冰冰的腿，防止血流得更多。婷婷报警称：有人打架受伤了。但她却没想到，就是这一刀让推进医院的冰冰再也没有出来，冰冰经抢救无效死亡。法医鉴定结论为，冰冰系被锐器刺破腿部大动脉致失血性休克、脑组织缺血、缺氧合并多器官功能衰竭死亡。

【你知道吗】

尖锐的东西刺入皮肉，导致的伤害有多种，因为伤口小，深度不定，如刺在胸、腹、腰、头面等要害部位，还可能出现内脏损伤、血管破裂、脏器刺破，其危险性很大，故对刺伤切勿轻心。像有人和歹徒搏斗，结果被刀刺中，旁边的人一看中了刀，赶紧拔出来，这都是非常危险的做法。锐器插入体内后，有可能刺破了局部血管。这个时候，锐器正好嵌在创口内，起到了临时“止血”的作用，

如将锐器拔掉，则创口立即暴露，可引起出血，如止血不力，很可能导致失血性休克。此外，细菌也会趁机进入创口而引起感染。

【最佳办法】

（1）小且浅的刺伤可自己处理：用碘伏消毒刺伤周围，盐水或干净白开水棉球擦拭伤口后包扎即可。如为木刺、玻璃碎屑刺伤，消毒后，应用火烧过并冷却后的针挑出木刺或玻璃碎屑后包扎，但如果是铁钉刺伤，不能自己拔除了事，应到医院根据不同情况注射破伤风预防针。

（2）刺在要害部位或可疑要害部位较深的刺伤：不能随便拔掉刺入物，避免因拔出后引起大出血，应先将纱布、棉垫安置于锐器两侧，尽量使锐器不能摇动，然后用绷带绕肢体将棉垫包扎固定，并尽快送医院抢救。像钢筋等较长的锐器插入身体之后，可能损伤重要器官，自行拔出会对脏器、神经等造成二次损伤，有条件的可以先用液压钳剪断留在体外的部分，留在体内的靠近大血管或重要器官，到医院后可以在仪器检查下，由医生判断病人损伤情况后取出锐器，如果是插入胸部，发生休克的伤者要平躺，神志清醒的则要低头含胸坐着，千

万不能挺胸，一挺胸锐器会戳得更深。若插入腹部，最好平躺（图 34-1）。一旦不小心拔出锐器后呈喷射状出血，说明动脉破裂，在没有工具的情况下，可在出血伤口上端即近心端找到搏动的动脉血管，用手指或手掌将血管压迫在所在部位的骨头上止血；并马上送医。

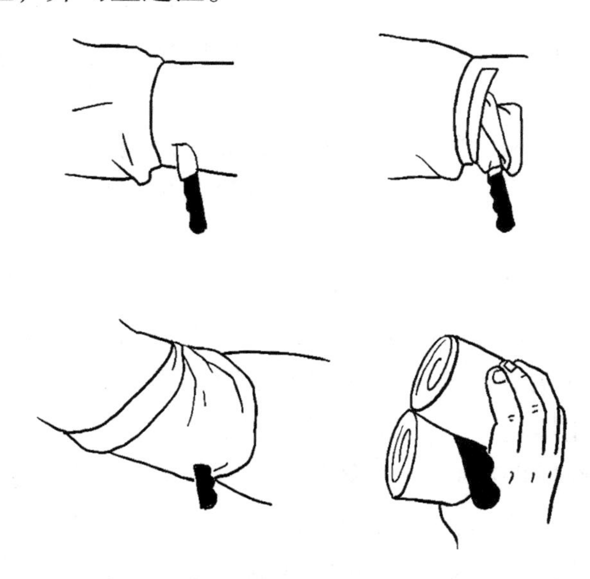

图 34-1　利器刺入要害部位或可疑要害部位较深的伤口包扎

（3）四肢出血：一般可用止血带或毛巾、手绢等扎在近心端，扎一小时放松 2 分钟。如出血过多或已休克者，应立即拨打 120 送医院。

【不要忘记】

（1）发生锐器刺伤事件后，切勿慌乱，切勿随便拔出。

（2）对于刺在要害部位或可疑要害部位较深的刺伤，应立即拨打急救电话，切勿自行处理。

（3）注意保护刺伤部位，避免感染。

35 猫狗咬伤

“喜怒无常”的猫咪

前几天，市民黄女士和家中的猫玩耍时，被其咬伤，有的朋友建议黄女士去医院打狂犬疫苗，但有的朋友则认为猫是自家养的，并且由于家猫外出接触其他猫狗的几率比较小，不用去打狂犬疫苗。听了两种不同的意见后，黄女士有点纠结，到底哪种意见是对的？猫狗是人们喜爱的宠物，现在越来越多的家庭饲养宠物猫、狗。但是，有些猫狗会发些小脾气，或在打闹中会咬伤人。那么，被自家猫狗或不慎被街边的猫狗抓伤、咬伤该怎么处理呢？

【你知道吗】

由于春天是动物的发情期和换毛期，夏天气温又偏高，所以春夏时期动物性情变得狂躁容易攻击人，在这期间应多注意观察猫狗的情绪，少逗玩，防抓咬伤。被猫狗咬伤主要的致命危险是狂犬病。狂犬病是由狂犬病病毒引起的一种严重的急性传染病，主要由携带狂犬病病毒的犬、猫等动物抓咬伤所致。当人感染了狂犬病病毒，一旦引起发病，病死率几乎达 100%。

【最佳办法】

（1）清洗伤口：无论是疯狗、病猫，还是正常的猫狗，都应该立即、就地用流动水清洗伤口 5 到 10 分钟，伤口较深，要注意清洗深处。冲洗的水量要大，水流要急，最好是对着水龙头急水冲洗。有条件者冲洗后用 70% 乙醇和 2% 碘酊消毒伤口（图 35-1）。

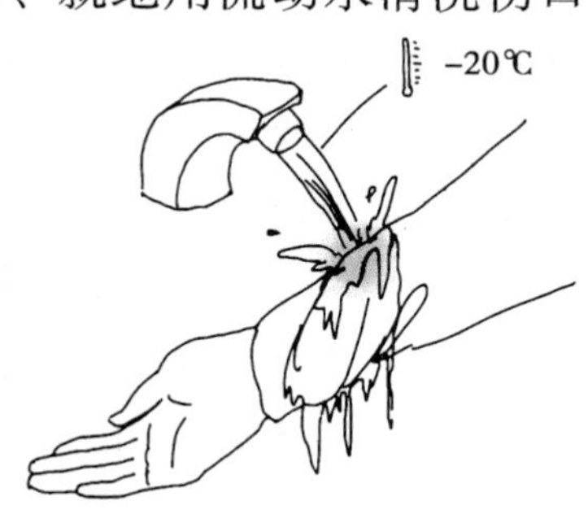

图 35-1　清洗伤口示意图

（2）暴露伤口：猫狗咬的伤口往往外口小，里面深，在冲洗时要把伤口扩大，让里面充分暴露，并用力挤压周围软组织。注意伤口不可包扎，除了个别伤口大，又伤及血管需要止血外，一般不要上任何药物，也不要包扎，因为狂犬病病毒是厌氧的，在缺乏氧气的条件下，狂犬病病毒会大量生长。

（3）迅速就医：立即前往就近医院，由专业人士进一步处理伤口（伤口较深时需医生进行灌注清洗或扩创清洗）并尽早前往疾病预防控制中心等接种单位注射预防狂犬病疫苗，在第一时间防止病毒在人体内复制。

【不要忘记】

（1）用流动水对着伤口冲洗虽然有点痛，但也要忍痛仔细地冲洗干净，这样才能更好地预防感染。

（2）预防狂犬病疫苗接种越早效果越好。感染了狂犬病毒但未发病的动物，同样能把病毒传染给人，使人发生狂犬病，近七成狂犬病人就是因为被外表看上去“健康”的犬只咬伤而致病。外观健康犬的带病毒率高达5%～10%，咬人可疑犬的带病毒率在30%以上。貌似健康而携带狂犬病病毒的动物已成为狂犬病最危险的传染源。所以若被任何的猫狗咬伤必须进行必要的处理。

（3）饲养猫狗一定要按免疫程序定期给其注射狂犬病疫苗，防止其被其他猫狗咬伤患病，自家的猫狗被其他猫狗咬伤也应这样处理预防自家宠物患病危及自身。

（4）去正规医院接种狂犬病疫苗，接种时间为第 1、3、7、14、30 天注射，如果错过最佳注射时间，仍然要及时去注射。

36 高温烫伤

一锅香喷喷的酸菜鱼让小红将破相

某天上午，家住建德的母亲抱着刚满 2 周岁的女儿小红，忙着办出院手续。才这么丁点大的孩子，头部以及身体上都缠着厚厚的绷带，而这都源自数月前那锅酸菜鱼。那天，小红妈妈正在厨房烧菜，而一向爱粘着妈妈的女儿小红，一把扑向妈妈的大腿，抱着不放。“当时，我打算起锅了，没想到起锅的瞬间，锅子的把手断了，热汤顺着我的手臂滴到了孩子的头上和背上。”小红的妈妈说，“当时我本能地就把小红的衣服给脱了，然后送去当地的医院。”小红最后被转到消防医院，整整一个多月的治疗过程，让孩子吃了不少苦头。“事后

我们才知道，如果在烫伤后，我们立刻采取一些手段，可以使烫伤程度尽可能降低。”小红的妈妈说。

【你知道吗】

日常生活中，皮肤烫伤屡见不鲜，尤其夏天，如热水瓶的爆破或被打翻，冲开水时彼此相撞，孩子在厨房里玩耍导致沸水烫伤，或孩子在洗澡时误入未测温的高温水浴盆等。烫伤是指由高温液体（如沸水、热油）、高温固体（如烧热的金属等）或高温蒸汽等所致的损伤。烫伤一般分为三个等级，认清烫伤等级更有助于进行急救。烫伤可分为一度烫伤（红斑性，皮肤变红）、二度烫伤（水疱性，患处产生水疱）、三度烫伤（坏死性，皮肤剥落）（图 36-1）。

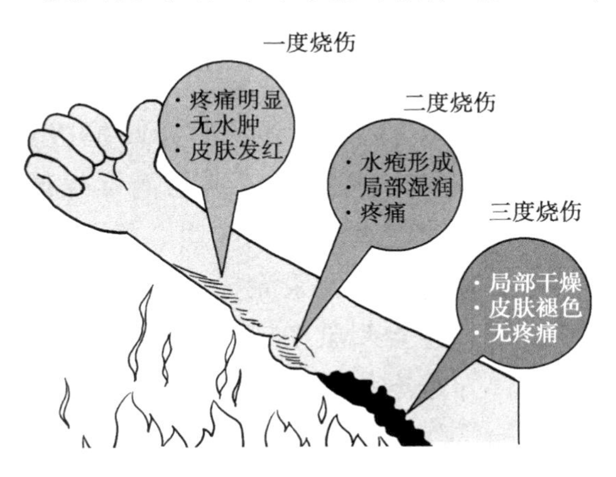

图 36-1　烫伤分度

【最佳办法】

（1）烫伤后首先不要惊慌，也不要急于脱掉贴身单薄的诸如汗衫、丝袜之类衣服，应立即用冷水冲洗，冷却后才可小心地将贴身衣服脱去，以免撕破烫伤后形成的水疱。冷水冲洗的目的是止痛、减少渗出和肿胀，从而避免或减少水疱形成。冲洗时间约半小时以上，以停止冲洗时不感到疼痛为止。一般水温约20℃左右即可。

（2）切忌用冰水，以免冻伤。如果烫伤在手指，也可用冷水浸浴。面部等不能冲洗或浸浴的部位可用冷敷。冷水处理后把创面拭干，然后薄薄地涂些蓝油烃、绿药膏等油膏类药物，再适当包扎1～2天，以防止起水疱。但面部只能暴露，不必包扎。

（3）如有水疱形成可用消毒针筒抽吸或剪个小孔放出水液即可。水疱已破则用消毒棉球拭干，以保持干燥，不能使水液积聚成块。烫伤后切忌用牙膏、酱油、紫药水或红汞涂搽，因为这样做不但不能减轻伤情，还会刺激伤口，加深受伤程度，增加感染机会，并且不利于伤后创面变化的观察。大面积或严重的烫伤经家庭一般紧急护理后应立即送

医院。

（4）皮肤烫伤要注意创面清洁和干燥，冷水冲洗后应避免再浸水。约 2～3 天后创面即可干燥。此时就不必涂药。10 天左右创面就可脱痂愈合。届时若不愈合，则应请医生看看是否因烫伤较深或有感染。烫伤后一般不用抗生素，如创面 1～2 天后还是红肿、疼痛加剧，则有感染之嫌，可在医生指导下进行治疗，以免增加不必要的痛苦。

【不要忘记】

（1）高温水或油烫伤时，应立即将被烫部位浸入冷水中或用冷水冲洗，以减少热力继续留在皮肤上起作用。

（2）皮肤烫伤要注意创面清洁和干燥，冷水冲洗后应避免再浸水。约 2～3 天后创面即可干燥，10 天左右时间就可脱痂愈合。届时若不愈合，则应请医生看看是否因烫伤较深或有感染。

（3）烫伤后一般不用抗生素，如创面 1～2 天后还是红肿、疼痛加剧，则有感染之嫌，可在医生指导下进行治疗，以免增加不必要的痛苦。

（4）寒冷季节要注意身体的保暖，尽快送医院。

37 异物进入耳鼻

鼻子不通不是小事

家住黄埔31岁的王先生这四五年来总有个烦心事，鼻子呼吸起来总不那么通畅，一到换季就完全鼻塞，只能侧着身睡觉，用嘴巴呼吸，只要感冒就会流脓鼻涕。长辈们都说，这是过敏性鼻炎，没有办法根治，他也就这样挨了几年。近日他到医院就诊，医生检查发现，王先生的鼻中有大量脓涕，自上而下地流出，有些不寻常，鼻窦CT显示，王先生左鼻腔内藏了一颗罕见的巨大鼻石，医生初步判断这个石头比花生米还大。

【你知道吗】

鼻腔异物是指鼻腔中存在外来的物质，临床以小儿病人多见。耳内异物是指外耳道内存在外来物质，多发生于儿童，因其年幼无知将异物塞入耳内，成人多为挖耳或外伤遗留物体于耳内，或野营露宿昆虫入耳，工作中意外事故异物溅入耳内等。根据异物种类不同，一般可分以下三类：动物类异物（如蚊、蝇、蟑螂、飞蛾等），植物类异物（如

谷类、豆类、小果核等）和非生物类异物（如小石块、沙粒、铁屑、木屑等）。而且，我们的鼻子与耳朵是有联系的，它们通过咽鼓管相连接，鼻腔的炎症是可以通过咽鼓管波及鼓室，从而导致耳朵受到相应的损伤。

【最佳方法】

（1）对鼻腔前部的圆形光滑异物不可轻易用镊子夹取，以免将异物推至鼻腔深部，甚至坠入喉内或气管中，而发生窒息危险。应立即拨打急救电话，并告知病人低头，在等待期间，可用擤鼻涕的方式试着将异物弄出鼻腔，但切勿用蛮力，以免损伤鼻黏膜（图 37-1）。

图 37-1　异物进入鼻腔禁忌处理

（2）对耳前部的圆形光滑异物不可轻易用镊子夹取，以免将异物推至耳朵深部，导致更严重的损伤，应立即拨打急救电话，并告知病人向患侧耳朵偏头，并尝试着通过拍打另一侧耳朵将其弄出。当昆虫等进入外耳道后，可先用酒精、油类，如花生油、豆油等，滴入进入虫子的耳朵，使昆虫停止活动，然后再用器械取出来或者冲洗出来，如果异物泡涨变大发生嵌顿时，可以 95% 酒精滴入耳朵，使异物脱水，再想办法取出来。如进耳朵进水，可将进水的一侧耳朵向下，用手掌轻轻拍另一只耳朵，水就可以流出来。

【不要忘记】

（1）虽然鼻腔异物不像喉气管、支气管异物那样危险，性命攸关，但是后果亦是严重的，所以不容忽视。

（2）教育小孩子不要把食物、玩物等塞入鼻腔或耳朵内，同时要防止精神不正常或神志昏迷者把东西塞进鼻内或耳内。

（3）耳内与鼻腔内组织都十分脆弱，所以平日我们应好好保护我们的耳鼻，清理耳鼻时手法轻柔。

38 心跳呼吸骤停

急救白金十分钟

2015 年 5 月 6 日上午 8 点，一名年近七旬的老奶奶正在自家小区里锻炼，突发心肌梗死晕倒了，一名路过的年轻小伙子马上冲了上去，一摸老奶奶的颈部，发现呼吸心跳停止了，立即拨打了 120，并对老奶奶进行了心脏按压，就在此时救护车正好赶到，医护人员立即对老奶奶进行了检查，心跳恢复了，但是很微弱，这时围观的人都对年轻的小伙子竖起了大拇指，赞不绝口。大家一起协助医护人员将老奶奶送往了医院，目前老奶奶生命体征平稳，病情也日趋好转。医生表示，老奶奶能获救，因多感谢那位年轻小伙子，他抓住了那急救白金十分钟，通过心肺复苏使老奶奶重获生命！

【你知道吗】

心跳呼吸骤停是指由各种原因引起的心脏突然停止跳动，有效泵血功能消失，导致全身血液供应中断，脉搏消失，呼吸停止，意识丧失。在现代生活中，因车祸、溺水、脑出血、心肌梗死等突发意外引起的心跳呼吸骤停的事件常有发生，往往当人们遇到这种情况时，除了呼救和拨打120，很多人在现场都会感到束手无策，救护车的到来是有一段时间的，事实证明心脏骤停4～6分钟就有可能出现脑细胞死亡，时间就是生命，如果我们能熟练地掌握心肺复苏术，抓住那珍贵的黄金五分钟，也许你就能及时地挽救一条生命。

【最佳办法】

（1）现场评估：环境要宽敞、明亮、安全，做好自我防护。

（2）判断意识：拍打双肩，大声呼唤无反应，自主呼吸停止，颈动脉搏动消失，则确定为意识丧失。

（3）高声呼救："快来人啦，救命啊！"请旁人帮忙拨打120急救电话。

（4）体位：将病人摆放为仰卧位，身体平直无扭曲，救护员跪在病人一侧，身体中线与病人两肩的连线对齐。

（5）心脏按压：把一只手的掌根放在两乳头连线的中点处，把另一只手重叠交叉放在该手背上面，并将手指联锁住，用手的后掌垂直下压胸骨，

使胸骨下陷5厘米以上迫使心脏输出血液，以每分钟100次的速率连续按压胸骨30次。

（6）开放气道：若病人颈椎无损伤，则采用仰头举颏法（压额托颏法，图38-1），即一只手置于病人颈后，另一只手放在病人的前额上，使其头稍向后仰，以确保气道通畅；若怀疑有颈椎受伤时，则采用双手抬颌法（图38-2），即先将颈部固定在正常位置，并同时用双手的手指放在伤病者下颌骨角的后方，将整个下颌向前（上）推高。同时仔细查看和寻找口腔至咽喉有无食物、假牙等阻塞物或化学品，并随即用手指沿腔壁清除其间任何阻塞物，将放在前额的手移到病人的鼻子上，用拇、食两指捏紧鼻孔，同时将另一只手移放于病人下颌，向下施力将病人的口打开。

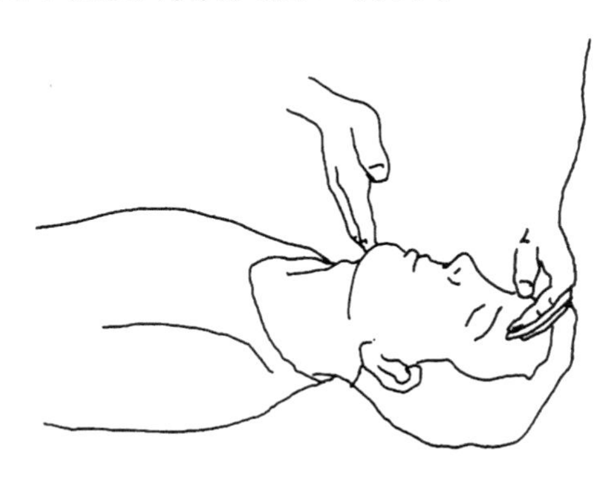

图38-1　（无颈椎损伤）仰头举颏法

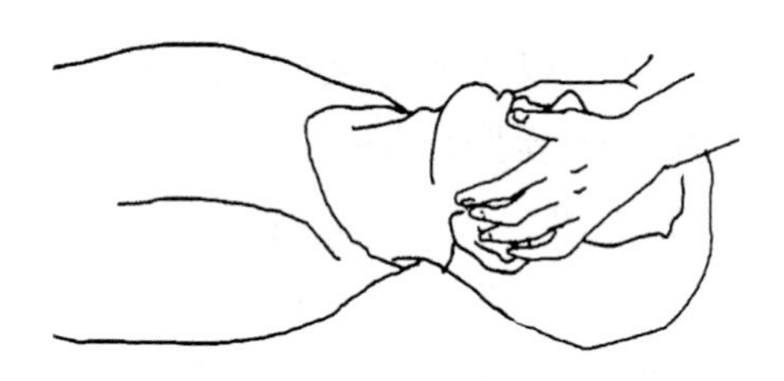

图 38-2 （有颈椎损伤）双手抬颌法

（7）人工呼吸：用嘴盖住病人的嘴，务求严密不漏气（若条件许可，可使用塑料面罩或气管插管进行加压人工呼吸），向病人口中吹气并同时观察病人的胸廓有无扩大隆起，每次吹气完毕，让病人的胸廓自然回缩排出气体。

（8）成功的指标：瞳孔由大变小；面色、口唇变红润；颈动脉有搏动；出现了自主呼吸；手脚开始活动了。

【不要忘记】

（1）在帮助他人时，一定要保护好自己。

（2）发现有人晕倒，且无呼吸与心跳后，应立即给予心脏按压，为后续治疗赢得时间。

四

户外生活篇

39 毒蛇咬伤

险需截肢的蛇咬伤

今年 10 岁的鑫鑫在自家附近小树林玩耍时，不慎被一条毒性较强的蛇咬到左手。鑫鑫的父亲发现后，急忙把孩子送去医院。由于县里的医院没有解毒血清，医生建议立即转往上级医院就诊。就在送孩子去医院的路上，孩子整条左臂肿了起来，并出现轻度昏迷。鑫鑫的父亲立即联系自己在出租车队的朋友，请他们帮忙联系交警和医院，开通救命通道，在警车护送下到达医院，及时挽救了孩子生命。

【你知道吗】

据统计，我国的毒蛇有 48 种，其中危害较大的有以下种类，眼镜蛇科的眼镜蛇、眼镜王蛇、金环蛇、银环蛇；蝰蛇科的蝰蛇、尖吻蝮（五步蛇）、烙铁头（龟壳花蛇）、竹叶青、蝮蛇；以及海蛇科的十多种蛇类。这些毒蛇多数分布于广东、广西、台湾、福建、湖南、湖北、云南、江西、浙江、江苏、贵州、四川等省和自治区。长江以北毒蛇种类较少，以蝮蛇常见；海蛇分布于我国东南沿海。毒蛇咬伤多见于夏秋季节。毒蛇咬伤后，局部表现为伤处疼痛或麻木，红肿、淤血、水疱或血疱，伤口周围或患肢有淋巴管炎和淋巴结肿大、触痛。全身表现为头晕、胸闷、乏力、流涎、视力模糊、眼睑下垂、出血倾向、黄疸、贫血、言语不清、吞咽困难等，严重者肢体瘫痪、休克、昏迷、惊厥、呼吸麻痹和心力衰竭。若经及时急救治疗，可以避免或减轻中毒症状；如延误治疗，则可引起不同程度的中毒，严重者可危及生命。

【最佳办法】

（1）立即急救：毒蛇咬伤之后要立即做急救，不要再活动，避免因活动而加速血液循环，导致毒液更快地进入体内。

（2）捆绑伤肢：可以使用毛巾、布条或者绳子

等在受伤部位的近心端捆绑起来，避免毒液随着血液循环进入体内，防止毒液在体内扩散（图 39-1）。

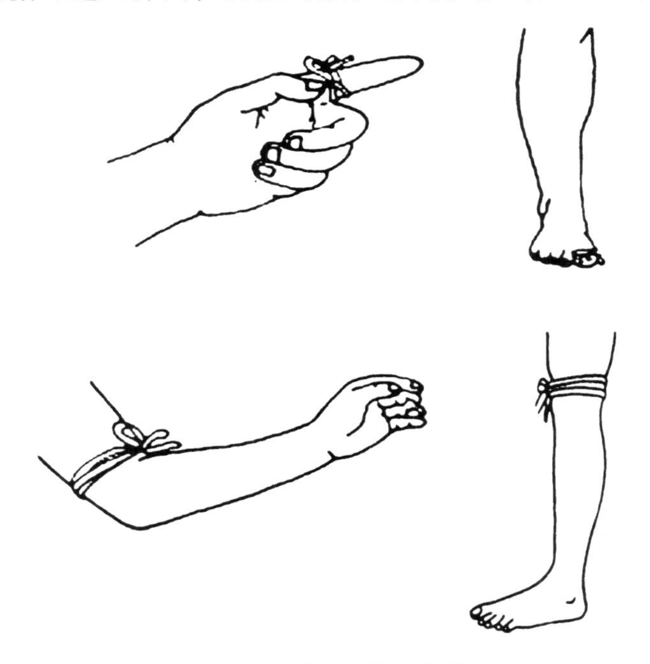

图 39-1　伤肢捆绑示意图

（3）排毒：先将刀用火烤一下或者用盐水冲洗一下进行消毒，然后将被蛇咬伤的地方用刀子以“十”字形划开，用吸吮器将毒吸出来。如果在野外，情况严重也可以是其他人将毒液吸出来，但是嘴里有伤口或者溃疡的人不要吸，避免毒液通过伤口进入体中。

（4）抢救：毒蛇咬伤后如果受伤者已经进入休克或者呼吸衰竭，可以对病人进行人工呼吸，让病人保持呼吸正常。

（5）后期治疗：紧急采取急救措施后要马上打120，及时进行后期治疗与护理。①抗蛇毒血清：需先做过敏试验。如皮试阳性，可脱敏注射。②肾上腺皮质激素：早期大剂量应用。③蛇药及某些中草药，如南通蛇药、群生蛇药、半枝莲、万年青等，有解毒功能，应尽早服用及外敷。首次口服量要大，一般是常用量的两倍，外敷是将药溶成糊状敷在伤口及其周围。④对症支持疗法、抗生素防止感染等。

【不要忘记】

（1）被毒蛇咬伤后，要马上坐下来，不要乱动，因为活动会促进毒液扩散，加重中毒。如果旁边有人，救护措施要由旁边的人进行。若现场只有自己一个人，应迅速自救，若还需要走路求救时，也要慢慢走，因为走得越快，血液循环越快，毒液扩散也越快。

（2）被毒蛇咬伤后绝对不能喝酒，因为酒能

加快血液循环，使毒液扩散加快。

（3）用火烤伤口可以破坏蛇毒，但要注意避免烧伤。

40 马蜂蜇伤

菜地遇马蜂险丧命

邹某，48岁，农民。某日到自家菜地摘豆荚，不经意惊动了一窝马蜂，她本能的抓起蛇皮袋裹上头就跑，无奈马蜂紧追不舍，邹某只得蹲在地上用蛇皮袋把自己整个罩住，很快袋子外面就爬满了马蜂，嗡嗡声和雨点般的撞击声让她惊恐，好一会儿蜂群才慢慢散去，确定已经安全后，邹某摘掉袋子起身就往家里跑。家人立即将她送往医院，“晚一小时送来，恐怕就没救了！”医生说。

【你知道吗】

马蜂又叫胡蜂、或黄蜂，是一种分布广泛的昆虫，群居。一般气温在12～13℃的时候出蜇活动，春季中午气温高时活动最勤，在遇到攻击或不友善干扰时，会群起攻击，且每只马蜂都可以多次蜇人。其蜂毒为碱性，被蜇伤后，局部皮肤会有剧烈刺痛，灼热红肿，严重的出现水疱或淤血，皮肤变色，甚至坏死；还可以出现头晕头痛、恶心呕吐、腹痛腹泻等，严重的会导致全身多器官损害（多出现在蜇伤数天到1周后：溶血性贫血、肾小管坏死、肾衰竭、肝炎、脑炎、心律失常、心肌梗死等），危及生命。对蜂毒过敏的还可出现喉头水肿、呼吸困难、过敏性休克等过敏反应（常发生在蜇伤后数分钟到几小时内），若不及时送医将会导致死亡。

【最佳办法】

（1）马蜂毒是碱性的，被蜇伤后可立即用酸性液体冲洗中和毒液，如食醋，3%的硼酸，1%的醋酸等，也可用无极膏涂抹，如在野外可用新鲜的尿液冲洗，可以起到缓解作用（图40-1）。

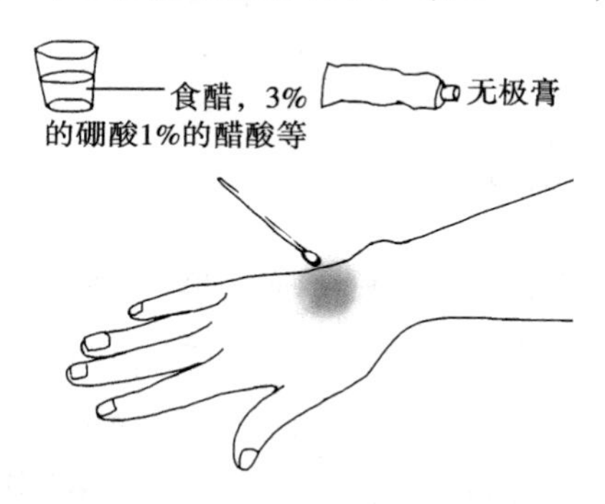

图40-1　马蜂蜇伤处理示意图

（2）如在野外，应就地取材，采集新鲜的马齿苋、小蓟、蒲公英、紫花地丁、景天三七、半边莲等嚼碎或用石头磨碎后敷在蜇伤处祛毒止痒。

（3）条件允许可大量喝水，有助毒素排出。

（4）如果被蜇伤后出现荨麻疹、喉头肿胀、呼吸困难、胸闷、呼吸声音变粗或带有喘息声等，要立即送最近的医院急救，切不可耽误治疗。

【不要忘记】

（1）预防为先：野外活动时不要穿红黄等颜色鲜艳的衣裤，应尽量穿浅色长衣长裤，戴帽子，避免过多裸露皮肤，尽量避免涂抹有香气的护肤品或化妆品，不使用含有芳香味的洗发水或除汗剂。

（2）如果发现马蜂出没切不可视而不见，也不可慌乱狂奔，惊动马蜂，要保持安静，悄悄地离开。当马蜂落在头上、肩上时，不可惊慌拍打，应轻轻抖落。

（3）如果遇到马蜂攻击，不可扑打反击，要尽量遮挡头颈部，防止重要部位蜇伤，可反向逃跑或屏住呼吸，原地趴下。

（4）被蜇伤后不要以土、破布、脏手绢等东西涂擦伤口，以免感染破伤风病菌，造成人为的死亡。切忌用碘酒和红药水搽抹，那样不但不能治疗，反而会加重肿胀和疼痛。

（5）蜇伤要及时送医，不可大意，以免耽误救治，造成严重后果。

41 铁钉刺进脚掌

一枚锈铁钉，一条人命

徐某，江西人，57岁，在温州乐清市区旭阳路某项目部建筑工地上，徐某为砌砖墙的包工头华某运砖头时，左脚拇指被地上一枚锈铁钉戳破流血，徐某拔掉铁钉后，以为一个小伤口没什么关系。一个星期后，徐某左下肢肿得厉害，他实在熬不下去了，就到医院就诊，医生要求其家属立即签名施行截肢术。徐某家属犹豫不决，手术车好几次推到手术室门口，最终他们还是放弃了截肢术。几天后，徐某死亡。

【你知道吗】

铁钉扎伤怎么办？人们在劳动或走路时，往往因为不留神，被铁钉扎伤。遇到这种情况，千万不要大意，切不可以为这是小事而不予处理。正因为伤口小、出血少，锈迹排不出来，才容易引起化脓

感染，也正因为伤口深，才适合破伤风杆菌的生长，而最易发生破伤风。须知，破伤风的治疗是非常困难的，据临床统计，破伤风病人的死亡率在70%～80%之间，也就是说，在100个破伤风的病人中，将有70～80人死亡，这个数字是十分惊人的。

【最佳办法】

（1）当你的脚被扎伤以后，首先就是将铁钉拔出，然后用双手大拇指将伤口内的血挤出来，伤口内带菌的物质随血排出，然后用酒精局部消毒（图41-1）。

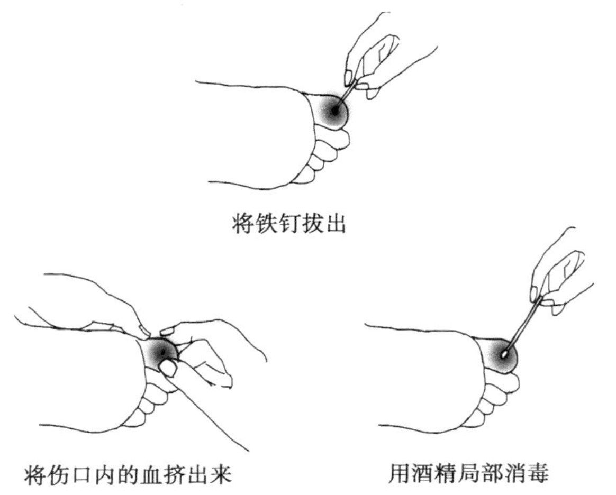

图41-1　铁钉刺进脚掌处理示意图

（2）如果是生锈的铁钉，应开放创面，用流动水冲洗，用纱布简单包扎后，速去医院进一步诊治。

（3）如果钉子扎得较深，切忌立即拔出，应将其包扎固定好，尽快到医院治疗。

【不要忘记】

（1）如果是生锈的铁钉，由于伤口深而密闭，极易患破伤风等感染，不去医院处理可能会有严重的后果，这样的伤口，一定要在 12 小时以内注射破伤风抗毒素，否则，就会因为小伤而染上破伤风。

（2）踩到细铁钉或铁针，如铁钉或铁针是断钉、断针，切勿丢弃，可将相同的钉针一起带到医院，供医生判断伤口深度作参考。

（3）破伤风潜伏期通常为 7 ~ 8 天，可短至 24 小时或长达数月、数年，潜伏期短者，预后越差。约 90% 的患者在受伤后 2 周内发病，偶见患者在摘除体内存留多年的异物后出现破伤风症状。前躯症状是全身乏力、头晕、头痛、咀嚼无力、局部肌肉发紧、扯痛、反射亢进等。典型症状是在肌紧张性收缩（肌强直、发硬）的基础上，阵发性强烈痉

挛，通常最先受影响的肌群是咀嚼肌，随后顺序为面部表情肌、颈、背、腹、四肢肌，最后为膈肌。相应出现的征象为：张口困难（牙关紧闭）、蹙眉、口角下缩、咧嘴“苦笑”、颈部强直、头后仰；当背、腹肌同时收缩，因背部肌群较为有力，躯干因而扭曲成弓、结合颈、四肢的屈膝、弯肘、半握拳等痉挛姿态，形成“角弓反张”或“侧弓反张”；膈肌受影响后，发作时面唇青紫，通气困难，可出现呼吸暂停。上述发作可因轻微的刺激，如光、声、接触、饮水等而诱发。

42 艳丽的毒蘑菇

致命毒蘑菇

林某，55岁，今年6月，林某从同村一村民手中买来几斤野生蘑菇。这些蘑菇都是该村民自己上山采摘的。当天，林某用蘑菇、瘦肉和黄瓜等炖了锅汤，味道还挺鲜美。当天中午和晚上，他与妻子、女儿、12岁的孙子和2岁的孙女，接连吃了两顿。直到次日凌晨4点多，先是孙子出现不适，接着其他人也都出现不同程度的腹痛、腹泻、呕吐症状。林某及家人被送往医院及时救治，经诊断均

有不同程度的肝脏功能损害，其中以林某最为严重，因肝肾功能衰竭不治身亡。

【你知道吗】

蘑菇学名蕈，毒蕈种类多，中毒素成分也较复杂，且多耐热。毒蕈毒素与中毒症状密切相关，主要的毒素类型有胃肠毒素、神经毒素、溶血毒素、原浆毒素、肝毒素。一种毒蕈可能含有多种毒素，一种毒素可能存在于多种毒蕈中。由于有毒蘑菇和可食蘑菇往往混生，形态相似，辨别困难。根据毒蕈中毒的临床表现，临床大致分为四型，胃肠型，潜伏期 0.5 ~6 小时，表现为恶心、呕吐、腹痛、剧烈腹泻，严重者可伴有消化道出血，继发脱水、血压下降甚至休克等；神经精神型潜伏期为 1 ~6 小时，临床表现为副交感神经兴奋症状，如多汗、流涎、流泪、瞳孔缩小、呕吐、腹痛、腹泻、脉搏缓慢等；溶血型的潜伏期为 6 ~12 小时。除胃肠道症状外，有溶血性贫血、黄疸、血红蛋白尿、肝脾肿大等，严重者导致急性肾衰竭；中毒性肝炎型的潜伏期为 6 ~48 小时，以中毒性肝损害为突出临床表现。在我国每年均有因误食有毒蘑菇而引起的重大中毒事件。

【最佳办法】

（1）求救：立刻向周围的人求救，并且立刻拨打120急救电话。

（2）科学处理：①催吐、洗胃、导泻：神志清醒者及时催吐，尽快给予洗胃（图42-1），洗胃后成人灌入活性炭，吸附30～60分钟后用硫酸钠或硫酸镁导泻。②对症与支持治疗：积极纠正水、电解质及酸碱平衡紊乱。利尿，促使毒物排出；5%碳酸氢钠碱化尿液。对有肝损害者给予保肝支持治疗。肾上腺皮质激素对急性溶血、中毒性肝损害、中毒性心肌炎等有一定治疗作用，其应用原则是早期、短程（一般3～5天）、大剂量。出血明显者宜输新鲜血或血浆、补充必需的凝血因子。有精神症状或有惊厥者应予以镇静或抗惊厥治疗）。③解毒剂治疗：阿托品或盐酸戊乙奎醚（长托宁）适用于含毒蕈碱的毒蕈中毒，出现胆碱能症状者应早期使用。巯基络合剂（二巯基丙磺酸钠、二巯丁二钠）对肝损害型毒蕈中毒有一定疗效。细胞色素C可降低毒素与蛋白结合，加速毒素清除。④透析疗法：适用于危重症肾衰竭者，或对大多数毒蕈生物碱的清除有一定作用。

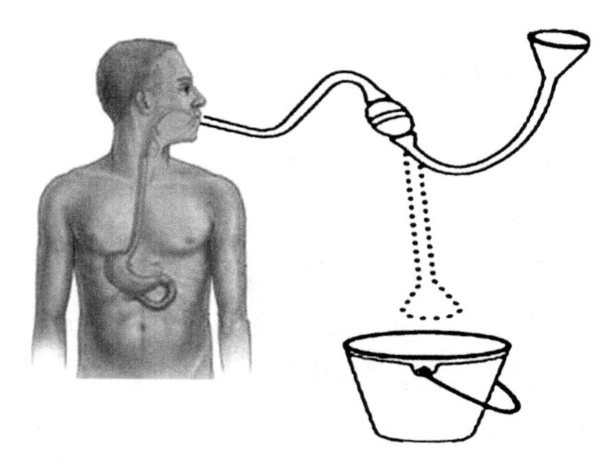

图 42-1　洗胃

【不要忘记】

（1）无识别毒蕈经验者，不要自采蘑菇食用。

（2）有毒野生菇（菌）类常具备以下特征：色泽鲜艳度高；伞形等菇（菌）表面呈鱼鳞状；菇柄上有环状突起物；菇柄底部有不规则突起物；野生菇（菌）采下或受损，其受损部流出乳汁。

43 游泳有风险

消暑的代价

某日下午 2 点，刚放暑假，4 名年轻人同在河

边嬉水，下午 4 时 20 分左右 4 人先后溺水。事发后，不少人正围在这里，河中有两条船正在进行打捞，安全巡视员和附近的游客发现后立即下河营救，最终，3 名年轻人获救，1 名小伙儿不幸溺亡。在岸边，被救上来的 3 名小伙儿坐在沙滩上，脸色苍白，看起来十分惊恐，没有被救出的落水者的父母在岸边悲痛呼喊。

【你知道吗】

游泳虽是一项很值得推荐的运动，有许多锻炼价值，如改善心血管系统、增强抵抗力、减肥等。但同时也存在许多的潜在危险，如溺水、腿抽筋、头晕、头痛、恶心、呕吐、胸闷、耳痛等，其中溺水风险首当其冲。溺水是指大量水液被吸入肺内，引起人体缺氧窒息的危急病症。多发生在夏季，游泳场所、海边、江河、湖泊、池塘等处。溺水者面色青紫肿胀，眼球结膜充血，口鼻内充满泡沫、泥沙等杂物。部分溺水者可因大量喝水入胃，出现上腹部膨胀。多数溺水者四肢发凉，意识丧失，重者心跳、呼吸停止。

【最佳办法】

（1）科学分工：不要惊慌忙乱，保持镇静，如现场人多，可分工抢救。一部分人抢救溺水人员；一部分人与急救中心联系，争取时间。

（2）溺水中的自救与救护：①当发生溺水时，不熟悉水性时可采取自救法：除呼救外，取仰卧位，头部向后，使鼻部可露出水面呼吸。呼气要浅，吸气要深。因为深吸气时，人体比重降到0.967，比水略轻，可浮出水面（呼气时人体比重为1.057，比水略重），此时千万不要慌张，不要将手臂上举乱扑动，这样会使身体下沉更快。②会游泳者，如果发生小腿抽筋，要保持镇静，采取仰泳位，用手将抽筋腿的脚趾向背侧弯曲，可使痉挛松解，然后慢慢游向岸边。③身陷漩涡自救法：如果已经接近，切勿踩水，应立刻平卧水面，沿着漩涡边，用爬泳快速地游过。因为漩涡边缘处吸引力较弱，不容易卷入面积较大的物体，所以身体必须平卧水面，切不可直立踩水或潜入水中。④救护溺水者，应迅速游到溺水者附近，观察清楚位置，从其后方出手救援。或投入木板、救生圈、长杆等，让落水者攀扶上岸。

（3）溺水者被救上岸后急救方法：①清除口、鼻中杂物：上岸后，应迅速将溺水者的衣服和腰带解开，擦干身体，清除口、鼻中的淤泥、杂草、泡沫和呕吐物，使上呼吸道保持畅通，如有活动假牙，应取出，以免坠入气管内。如果发现溺水者喉部有阻塞物，则可将溺水者脸部转向下方，在其后背用力一拍，将阻塞物拍出气管。如果溺水者牙关紧闭，口难张开，救生者可在其身后，用两手拇指顶住溺水者的下颌关节用力前推，同时用两手食指和中指向下扳其下颌骨，将口掰开。为防止已张开的口再闭上，可将小木棒放在溺水者上下牙床之间。②控水：在进行上述处理后，应着手将进入溺水者呼吸道、肺部和腹中的水排出。这一过程就是“控水”。常用的一种方法是，救生者一腿跪地，另一腿屈膝，将溺水者腹部搁在屈膝的腿上，然后一手扶住溺水者的头部使口朝下，另一手压溺水者的背部，使水排出。③人工呼吸：人工呼吸是使溺水者恢复呼吸的关键步骤，应不失时机尽快施行，且不要轻易放弃，应坚持做到溺水者完全恢复正常呼吸为止。人工呼吸的节律，约为 15 ~ 20 次/分。常用的人工呼吸法有口对口吹气法：将溺水者仰卧平放在地上，可在颈下垫些衣物，头部稍后仰使呼吸道拉直。救生者跪蹲在溺水者一侧，一手捏住溺水者的鼻子，另一手托住其下颌。深吸一口气后，用嘴贴紧溺水者的口（全部封住，不可漏气）吹气，使其胸腔扩张。吹进约1500毫升（成人多些，儿童少些）空气后，嘴和捏鼻的手同时放开，溺水者的胸腔在弹性的作用下回缩，气体排出肺部。必要时，救生者可用手轻压一下溺水者的胸部，帮助其呼气。④胸外按压：将溺水者救上岸后，如发现溺水者的心跳已停或极其微弱，则应立即施行胸外心脏按压，通过间接挤压心脏使其收缩与舒张，恢复泵血功能。胸外心脏按压与人工呼吸的配合施行，是对尚未出现真死现象的溺水者之生命做最后挽救，使其恢复自主心跳与呼吸的重要手段。胸外按压的具体做法是：将溺水者仰卧平放地上，救生者骑跪在溺水者大腿两侧或跪在其身旁，两手掌相叠，掌根按在溺水者胸骨下端（对儿童，只需用一个手掌；对婴幼儿，只需三个手指），两臂伸直，身体前倾，借助身体的重量稳健地下压，压力集中在掌根，使溺水者胸骨下陷约5厘米。然后，上身复原，迅速放松双手，但掌根不离位。如此有节奏地进行，每分钟至少100次。⑤迅速转运：尽快搬上急救车，迅速向附近医院转送。

【不要忘记】

（1）迅速将病人从水中救出，清除口咽部、鼻腔内的污物，保持呼吸道的通畅。

（2）迅速倒出呼吸道及胃内积水，将病人俯卧，腰部垫高，头部下垂，施术者以手压其背部。抱住溺水者的两腿，腹部放在急救者的肩部快步走动，使积水倒出（图43-1）。

图43-1　倒出溺水者呼吸道及胃内积水示意图

（3）如果病人呼吸或心跳已停止，应紧急现场进行心肺复苏术。

（4）经短期内抢救后心跳、呼吸不恢复者，不可轻易放弃抢救，一方面持续进行抢救，一方面

向医院呼救。

（5）要警惕干性溺水。

44 炎热中暑

高温作业需谨慎

2015年5月1日中午，云南河口县一建筑工地塔吊上1名中年男子由于身患感冒，加之中午河口县温度较高，中暑昏倒，被困塔吊驾驶室内。12点47分，消防救援官兵到达现场，经询问该建筑工地负责人了解到，此塔吊高30米，塔吊驾驶员被困在驾驶室内，处于昏迷状态。现场指挥员立即派两名经验丰富的消防官兵携带安全绳、挂钩等救援器材顺塔吊楼梯爬至被困地点。12点58分，救援人员成功进入塔吊驾驶室，将该男子送到附近医院治疗。医生诊断说送医及时，无大碍，但需要好好休息。

【你知道吗】

每年的7、8、9月，是我国全年气温最高的时期，日平均气温达到32℃以上，湿度大于60%。对于一些平时运动量小，在室外活动少，对疾病的

抵抗力和热耐受力较差的人容易中暑。尤其是一些高温工作者，在炎热的夏季，在高温下连续工作，如果气温较高且通风不良或者气候太湿润，都会引起汗液难以蒸发而引起中暑，或因直接暴晒头部且劳动强度过大也会引起蓄热过多而中暑。

【最佳办法】

（1）求救：呼叫120，送往医院治疗。

（2）科学处理：①搬移：迅速将其脱离高温环境，抬到阴凉、通风的地方或者是空调房间，使其平卧并解开衣扣，松开或脱去衣服（图44-1）。②降温：在病人额头、腋窝、腘窝等大动脉处敷上湿毛巾或者冰袋，然后用扇子或电风扇吹风，加速散热，但不能直接对着病人吹，也可以在病人的额头、太阳穴处抹点风油精、清凉油之类的。③补水：病人仍有意识时，可以让他喝点带有盐分的清凉饮料、茶水或者是绿豆粥，也可以服用藿香正气水、十滴水等解暑药，但千万不能急于补充大量的水分，否则会出现呕吐、腹痛等。④促醒：如果病人失去知觉时，可以用大拇指掐病人人中、合谷等穴位，如果呼吸心跳停止，应立即进行心肺复苏。

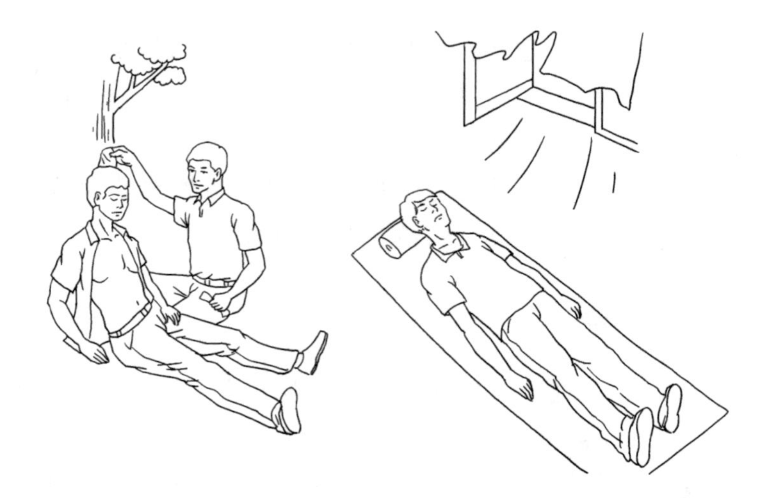

图 44-1　中暑患者转移环境示意图

（3）转送：对于重症中暑病人，必须立即送医院进行治疗，搬运病人时，应该用担架运送，不可以让病人步行，同时在去医院的路上，可以用冰袋敷在病人额头、枕后、肘窝、大腿根部等大血管处，积极进行物理降温，以保护大脑、心肺等重要脏器。

【不要忘记】

（1）要合理安排在户外的活动时间，尽量躲开太阳的暴晒，调整每天的工作时间。

（2）如果必须在太阳下进行活动，应该戴帽

子，穿浅色的宽松棉布衣服，不要打赤膊。

（3）遇到闷热天气，又碰上在室内活动时，一定要把门窗都打开，保持良好的通风。天热时地下室通风不好，所以要提醒小朋友不要去地下室玩耍。

（4）多吃夏天的时令蔬菜水果，如苦瓜、西红柿、西瓜等，外出工作时可准备防暑药品，如藿香正气水、清凉油等，一旦出现症状应该立即服用防暑药物缓解。

（5）夏天要多喝水，不要等口渴了才喝，等口渴了就说明身体已经缺水了，出汗较多的时候可以多喝点盐水。

45 低温冻伤

低温冻伤年轻小伙

小李，23岁，工人。小李大学毕业后刚参加工作被分配到大型超市的冷冻库当工人，小李平时工作很积极，经常加班加点的工作，就连吃饭等日常活动都会在冷冻库进行，刚开始时小李还觉得能耐受冷冻库里的低温，但由于长时间坚持在冷冻库内工作，几个月之后小李经常出现肌痛和腰痛等病

症，当时小李没引起注意，以为是劳累引起的伤痛，半年后的一天，小李受不了，倒在了冷冻库里，同事立即把小李抬出冷冻库，老板随后让公司的车将小李送往市区医院。一路上小李没有任何反应，同事一直问“怎么办”，万幸的是，因为送医及时，小李不久便康复出院了。

【你知道吗】

温度低于人体舒适温度的环境被称为低温环境。18℃以下的温度即视为低温，但是对人的工作效率有不利影响的低温，通常是在10℃以下。低温对人体的影响表现为：一是引起局部冻伤，与人在低温环境中暴露的时间长短有关；二是产生全身性影响。人体在低温环境暴露时间不长时，能依靠温度调节系统，使人体深部温度保持稳定。但暴露时间较长时，中心体温逐渐降低，就会出现一系列的低温症状：出现呼吸和心率加快，颤抖等，接着出现头痛等不适反应。当中心体温降到30～33℃时，肌肉由颤抖变为僵直，失去产热的作用，将会发生死亡。长期在低温高湿条件下劳动（如冷冻库工人）易引起肌痛、肌炎、神经痛、神经炎、腰痛和风湿性疾患等。低温冻伤按其程度可分为四度：

Ⅰ度冻伤：伤及表皮层，局部红、肿、痒、痛、热，约一周后结痂而愈。Ⅱ度冻伤：伤及真皮层，红、肿、痛、痒较明显，局部起水疱，无感染结痂者2~3周愈合。Ⅲ度冻伤：伤及皮下组织，早期红肿出现大水疱，皮肤由苍白变为蓝黑色，知觉消失，组织呈干性坏死。Ⅳ度冻伤：伤及肌肉和骨骼，发生干性和湿性坏疽，急需植皮和截肢。

【最佳办法】

（1）现场处理：迅速脱离受冻现场，搬动时要小心、轻放，以免引起骨折。立即用棉被、毛毯或皮大衣等保护受冻部位，迅速将病人搬入温暖的室内（室温20~25℃），脱掉潮湿的衣服，抬高受损的肢体，若冻僵者呼吸心跳停止应进行心肺复苏并及早送医院（图45-1）。

图45-1　低温冻伤现场处理示意图

（2）复温治疗：将冻伤部位置于40～42℃温水中。如果手套鞋袜和手脚冻在一起难于分离时，不可强行脱离，以防皮肤撕裂。应连同鞋袜手套一起浸入水中，复温至冻伤区恢复感觉，皮肤颜色恢复至深红或紫红色。组织关节变软为止。一般要求在15～30分钟内完成复温。在5～7分钟内复温最好。面部可用38～42℃湿毛巾湿敷。复温要快，温度不能过高。缓慢复温可加重损害，延迟复温可影响疗效。

（3）继续保温处置：复温后的冻伤部位应继续进行保温，以保持良好的血液循环。

（4）保护受冻部位：复温后的冻伤部位应以柔软的棉花软布包裹，严防意外的外伤发生，切忌挤压冻伤局部。

（5）对症治疗：复温中或复温后局部剧烈疼痛，应给与度冷丁（哌替啶）50～75mg或吗啡10mg肌内注射。复温中应进行抗休克治疗，静脉滴注37℃的5%葡萄糖液。

（6）热饮料治疗：度过休克期后，可口服热饮料，如茶水牛奶豆浆等。

（7）预防感染或抗感染：选用有效抗生素。

（8）局部处理：水疱、坏死组织、局部病灶、截肢等须外科治疗。

【不要忘记】

（1）体温低的病人脉搏常常慢而微弱，因此要多花一点时间检查病人的脉搏。

（2）不要用电热毯等对病人直接加热升温。如果加热太快会导致冻结皮肤的不可逆的变化，因此不要用电热毯等直接加热皮肤，不要按摩皮肤。

（3）如果冻凝的皮肤还有机会存活，就不要解冻。应把病人从冰冷的环境中救出，并等待急救人员的到来。严重冻伤部位切忌直接火烤、雪搓及挤压。

（4）复温速度要快，要求30分钟内完成复温，以免加重损害。

（5）不要大量静脉用药，因为低体温时药物一般不起作用，而一旦复温后血药浓度显得高，不良反应增大。

（6）有呼吸、心跳者，复温时不要太快、过急，否则易引起心律失常及室颤。

（7）意识欠佳病人可给予右旋糖酐、纳洛酮等药物，溴苄胺可以预防室颤。

46 有机磷农药中毒

幼儿误食农药

牛牛家在都江堰石羊镇，爸爸饶明红在离家20公里的工厂做焊工，牛牛一直由妈妈焦娟照顾。22日早晨，焦娟身体不适到镇上医院打针，把牛牛交给爷爷看管。趁爷爷不注意，牛牛一个人跑到家旁边的小树林玩耍。10时左右，爷爷发现牛牛在家中的小院里呕吐，吐出来的东西有一股刺鼻的气味，才惊觉孩子可能误食了废弃农药，连忙把孩子送到医院。

下午1时左右，牛牛父母闻讯赶到医院。焦娟在小树林里找到了农药“乐果”的瓶子，医生从牛牛中毒的情况判断，牛牛喝下了大量“乐果”，造成有机磷中毒。当时，牛牛情况危急，心跳和呼吸一度停止4分钟，经医院全力抢救后才恢复生命体征。

虽然经过两天的治疗，牛牛的病情已经逐渐稳定下来。但是医生表示，孩子被有机磷伤害的身体需要大量的时间来恢复，并且有机磷中毒造成的并发症，还不能让人掉以轻心。除了身体上看得到的

灼伤，有机磷的腐蚀还造成了牛牛消化道和肺出血，牛牛的食管和胃也被灼伤，如果因此引起食管狭窄，还得通过手术进行治疗。

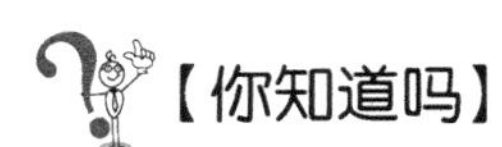

【你知道吗】

有机磷农药是我国使用广泛、用量最大的杀虫剂。急性有机磷农药中毒是指有机磷农药短时大量进入人体后造成的以神经系统损害为主的一系列伤害，临床上主要包括急性中毒病人表现的胆碱能兴奋或危象，其后的中间综合征以及迟发性周围神经病。有机磷农药可通过皮肤进入人体，在喷洒过程中其气雾可由呼吸道吸入，误服者由消化道吸收。其潜伏期也因中毒途径不同而有所差异，有机磷农药中毒症状出现的时间和严重程度，与进入途径、农药性质、进入量和吸收量、人体的健康情况等均有密切关系。一般急性中毒多在 12 小时内发病，若是吸入、口服高浓度或剧毒的有机磷农药，可在几分到十几分钟内出现症状甚至死亡。

【最佳办法】

（1）科学分工：不要惊慌忙乱，保持镇静，

如现场人多，可分工抢救。一部分人与急救中心联系，争取时间；一部分人抢救中毒者。

（2）现场急救：尽快清除毒物、防止继续吸收是挽救病人生命的关键。首先使中毒者脱离中毒现场，尽快除去被毒物污染的衣、被、鞋、袜，用清水、肥皂水、碱水或2%～5%碳酸氢钠溶液彻底清洗皮肤（敌百虫中毒时，用清水或1%食盐水清洗，对于不知名的农药用清水清洗），特别要注意头发、指甲等处附藏的毒物。注意不要用热水或酒精擦洗，以免加剧毒物吸收；对口服中毒者若神志尚清醒者可口服清水或2%苏打水（碳酸氢钠溶液）300～500毫升，然后用手指、压舌板或筷子刺激咽喉后壁或舌根诱发呕吐，如此反复进行，直至胃内容物完全吐出为止。绝不能不做任何处理就直接拉病人去医院，这样会增加毒物的吸收而加重病情。

（3）迅速转运：经上述初步处理后，及时将中毒者送医院进一步救治。

【不要忘记】

（1）如果中毒者处于昏迷、惊厥状态时，绝对不能催吐，以免因异物进入气管导致生命危险

（图 46-1）。

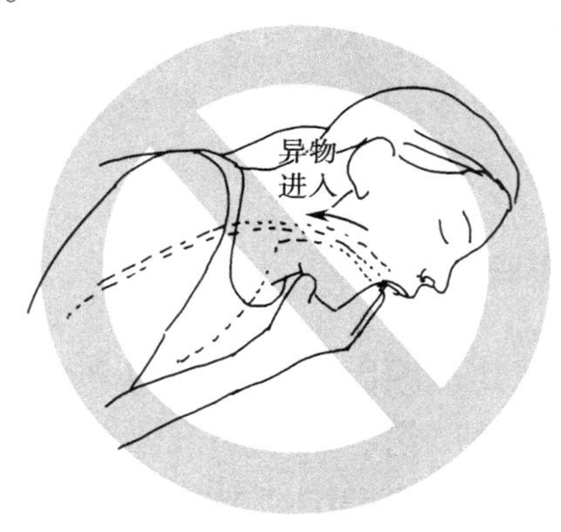

图 46-1　昏迷、惊厥状态禁止催吐

（2）呕吐物要用容器或者塑料袋装下以备检验用。

（3）给中毒者进行清洗的人员，也要做好防护如戴手套等，因为部分有机磷农药剧毒，皮肤微量接触也可吸收而发生危害。

47 关节脱位

脱衣不当使孩子手臂脱臼

“她老是不愿抬起右手臂，碰到她的小手臂还哭闹不止。”近日，南宁市民林女士的女儿洋洋有点异常，女儿今年 3 岁，起初家人以为她闹着玩，可到临睡前换衣服，她还是不肯伸手臂，而且手臂一直贴着身子不敢动弹，这才发觉不对劲，于是带她到附近医院就诊。经儿外科医生检查，发现洋洋的肘关节的桡骨小头半脱位了。

【你知道吗】

因外力或其他原因造成关节各骨的关节面失去正常的对合关系，伤后关节局部疼痛、肿胀、活动障碍及出现畸形，我们把它叫做关节脱位，也叫关节脱臼。按发生的原因分为外伤性关节脱位、病理性脱位，按脱位后关节面的对合关系分为完全脱位、半脱位，按脱位后的时间分为新鲜脱位（脱位后未满 3 周）、陈旧性脱位（脱位后超过 3 周）。外伤性脱位较多见，且多发生在青壮年，最易发生脱位的关节是肘关节，其次是肩及髋关节。关节脱位的表现，一是关节处疼痛剧烈；二是关节的正常活动丧失；三是关节部位出现畸形。关节脱位后，关节囊、韧带、关节软骨及肌肉等软组织也有损伤，另外关节周围肿胀，可有血肿，若不及时复位，血肿机化，关节粘连，会使关节不同程度丧失功能。

【最佳办法】

（1）求救：向周围的人求救，并且拨打 120 急救电话。

（2）科学处理：①将患部安静地固定在最舒适的位置。不掌握脱位的整复技术时不应该强行复位，以免增加伤员痛苦，加重组织损伤。此时局部可作冷敷，然后就医（图 47-1）。②现场复位：由于脱位时间越长，复位越困难。对于一般脱位，救护者能够复位的，可以在现场整复。复位原则是使局部肌肉松弛，按损伤机制的反方向首先拉开，然后旋转，用力均匀，不要过猛（图 47-2）。③固定：复位后根据不同部位的脱位，可选用三角巾、绷带、夹板、石膏、支具或牵引等方式进行固定。固定时间一般 2 ~ 3 周。陈旧性脱位的固定时间应

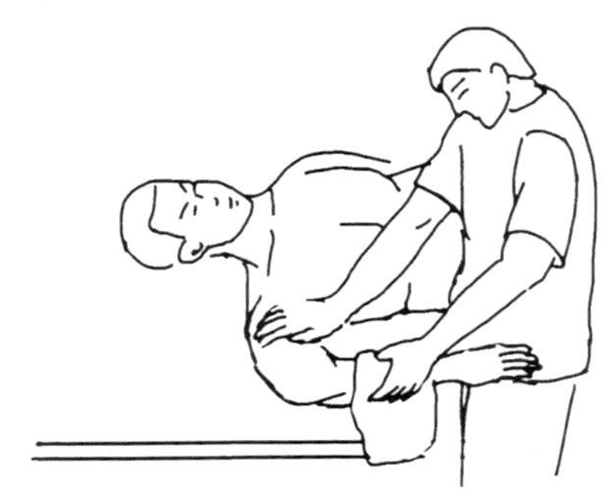

图 47-1　关节脱位冷敷示意图

适当延长（图 47-3）。④开放性关节脱位的处理，争取在 6～8 小时内进行清创术，在彻底清创后，将脱位整复，缝合关节囊，修复软组织，缝合皮肤，橡皮条引流 48 小时，外有石膏固定于功能位 3～4 周，并选用适当抗生素以防感染。

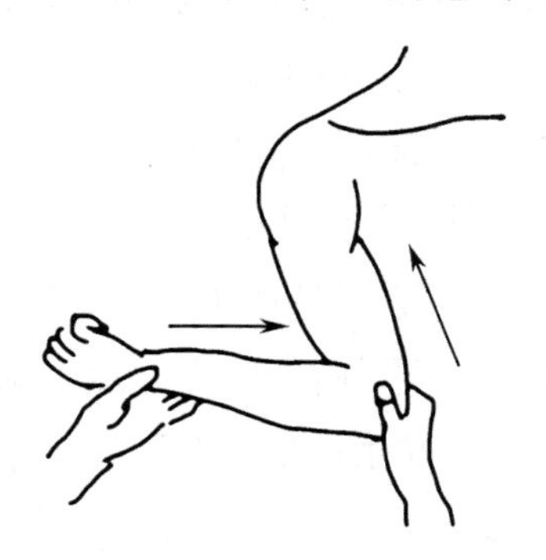

图 47-2　现场复位示意图

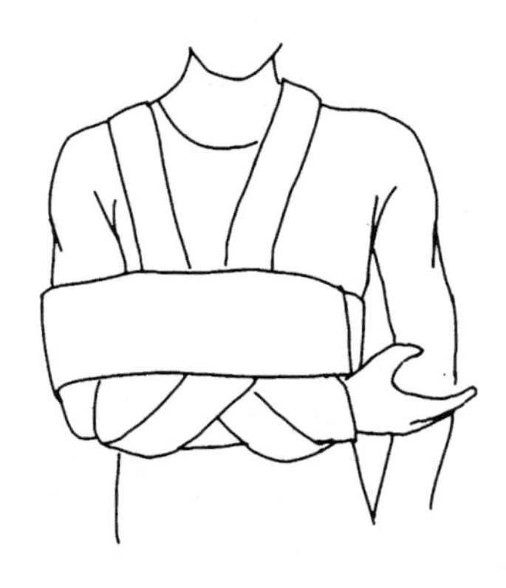

图 47-3　关节脱位固定示意图

（3）功能锻炼：①固定期间，应经常进行关节周围肌肉的舒缩活动和患肢其他关节的主动运动，以促进血液循环、消除肿胀；避免肌肉萎缩和关节僵硬。②解除固定后循序渐进地进行被固定关节的运动，既要主动运动，也要被动运动，可配合使用关节功能锻炼器（CPM）及热敷、理疗、温水浴等。

【不要忘记】

（1）脱位时常伴有关节囊的破裂，韧带的损伤和骨折，而且较大的关节复位一般应在麻醉情况下予以复位，以松弛肌肉，减少伤员痛苦。因此，脱位后一般应由医师进行整复。

（2）整复后不应立即进行过度的活动，不要入浴洗澡。

（3）为脱位的伤员脱衣服时应首先由健康的手脱起，反之，穿衣服时先由伤侧穿起。

48 四肢骨折

攀爬自家铁门致右手骨折

赵某，23岁。某日因回家忘记携带自家铁门钥匙而强行攀爬铁门，攀爬过程中因脚底踩空导致

右手手臂骨折。家人闻讯赶到时赵某已疼倒在地，右手完全无法动弹，轻微的触碰都会使赵小姐感到无比疼痛。家属看到这个情况都不敢搬动，只能打电话求助120急救。万幸的是，因为送医及时，赵某的右手有完全恢复的可能。

【你知道吗】

在生活中，有人会因工伤事故或者其他意外伤害造成骨的完整性或连续性中断或丧失称为骨折。骨折最常见的发病部位在四肢，四肢骨折比较多的是因为暴力引起，比如摔伤、钝器打伤、大外力作用撞击伤等。通常在轻微外力作用下就可以出现的骨折我们常称之为病理性骨折，如果骨折断端与外界相通则为开放性骨折。

【最佳办法】

（1）科学分工：不要惊慌忙乱，保持镇静，如现场人多，可分工抢救。一部分人与急救中心联系，争取时间；一部分人抢救安慰伤员；一部分人寻找可以固定四肢的物品。骨折的急救是在骨折发生后的即时处理，包括检查诊断和必要的临时措施。处理不当可能会加重损伤，增加病人的痛苦，

甚至形成残疾。如：为减轻疼痛，习惯性用手揉捏、按摩受伤部位。或骨折后随意搬动，止血不当处理，就会造成严重后果。如颈部脊髓受损，发生高位截瘫，严重时导致呼吸抑制危及生命。腰部脊椎骨折时，不恰当的搬运也会损伤胸腰脊椎髓神经，发生下肢瘫痪等。所以，进行合理有效的急救是十分重要的。

（2）抢救生命：严重创伤现场急救的首要原则是抢救生命。严重或多发骨折及合并有其他创伤病人更易休克，要注意预防，更要早发现、早处理。如发现伤员心跳、呼吸已经停止或濒于停止，应立即进行胸外心脏按压和人工呼吸；昏迷病人应保持其呼吸道通畅，及时清除其口咽部异物；病人有意识障碍者可针刺其人中、百会等穴位；开放性骨折伤员伤口处可有大量出血，一般可用敷料加压包扎止血。严重出血者若使用止血带止血，一定要记录开始使用止血带的时间，每隔 30 分钟或 1 小时应放松 1 次（每次放松时间为 2～3 分钟），以防肢体缺血坏死。如遇以上有生命危险的骨折病人，应快速运往医院救治。

（3）伤口处理：开放性伤口的处理除应及时恰当地止血外，还应立即封闭伤口。最好用清洁、干净的布片、衣物覆盖伤口，再用布带包扎；包扎时，不宜过紧，也不宜过松，以防伤口继续被污染。伤口表面的异物要取掉，如遇骨折端外露，注意不要尝试将骨折端放回原处，应继续保持外露，以免将细菌带入伤口深部引起深部感染。有条件者最好用高锰酸钾等消毒液冲洗伤口后再包扎、固定。如将骨折端或脱位的关节复位了，应给予注明，并在送医院时向医生交代清楚。

（4）简单固定：现场急救时及时正确地固定断肢，可减少伤员的疼痛及周围组织继续损伤，同时也便于伤员的搬运和转送。但急救时的固定是暂时的。因此，应力求简单而有效，不要求对骨折准确复位；开放性骨折有骨端外露者更不宜复位，而应原位固定。急救现场可就地取材，如木棍、板条、树枝、手杖或硬纸板等都可作为固定器材，其长短以固定住骨折处上下两个关节为准。如找不到固定的硬物，也可用布带直接将伤肢绑在身上（图 48-1）。

（5）必要止痛：严重外伤后，强烈的疼痛刺激可引起休克，因此应给予必要的止痛药。如口服止痛片，也可注射止痛剂，如吗啡 10mg 或度冷丁（哌替啶）50mg。但有脑、胸部损伤者不可注射吗啡，以免抑制呼吸中枢。

（6）安全转运：经以上现场救护后，应将伤

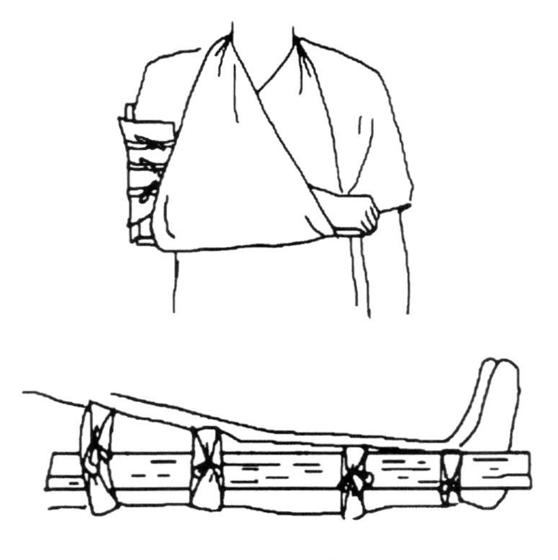

图 48-1　骨折部位包扎示意图

员迅速、安全地转运到医院救治。转运途中要注意动作轻稳，防止震动和碰坏伤肢，以减少伤员的疼痛；同时注意保暖和适当的活动。

【不要忘记】

（1）不随意搬动患肢：受伤后贸然接受推拿、按摩，很可能使本来没有错位的骨折发生错位，造成二次损伤。因此，一旦发生骨折，应尽早到正规医院就诊，以免造成更严重的后果。

（2）不热敷：很多人喜欢用热毛巾对伤处进行热敷。其实这样只会使血管的损伤或肿胀加剧，对后期的处理和恢复都是不利的。为了止痛，在24小时内可以进行冷敷，千万不要热敷。

49 外伤大出血

风筝线“割伤”颈部

3月26日下午3时许，在南门路附近发生一起惨祸！一位摩托车驾驶员被飘落的风筝线割伤脖子。

摩托车自西向东行驶到这里时，飘落的风筝线横跨马路，已有一辆三轮电动车和一位行人被风筝线绊住，而摩托车驾驶员未能看到风筝线，被绊倒滑出十几米远，鲜血从颈部喷出，半个脖子被风筝线切割开，颈部肌肉组织、气管均严重受伤。这名青年男子姓吴，郏县人，颈部伤口26厘米长，颈前肌肉层全部断开，甲状软骨上部大部分断裂，右侧颈内动脉局部破损。医生说：“幸亏抢救及时，他已经脱离生命危险，要不然，仅颈内动脉破损就有可能让他失血过多死亡。”医生预计这名男子还需约半个月的时间接受治疗。

【你知道吗】

生活中，由于外伤常引起大出血，称为外伤大

出血。外伤性出血可分为外出血和内出血两种。血液从伤口流向体外者称为外出血，分为毛细血管出血，即血液从创面或创面四周渗出，出血量少，色红，找不到明显出血点，危险性较小；静脉出血，血色暗红，缓慢流出；动脉出血时，血色鲜红，有搏动、量多、速度快，危险性大。常见于刀割伤、刺伤、枪弹伤和碾压伤等。若皮肤没有伤口，血液由破裂的血管流到组织、脏器或体腔内，称为内出血。引起内出血的原因远较外出血复杂，处理也较困难，多需去医院诊治，当外出血一次出血超过全部血量的 20% 时，就会出现脸色苍白、脉搏细弱等休克表现。当出血量达到总血量的 40% 时，就有生命危险。因此，及时、正确地处理伤员非常重要。

【最佳办法】

（1）科学分工：不要惊慌忙乱，保持镇静，如现场人多，可分工抢救。一部分人与急救中心联系，争取时间；一部分人抢救伤员。

（2）快速止血：对于不同类型的出血，现场止血方法不同。①直接压迫法：如果伤口不大且较为表浅，血流速度较慢，可直接用干净柔软的敷料或手巾压住伤口并扎紧即可止血。②加压包扎止血法：先用无菌纱布覆盖压迫伤口，再用三角巾或绷带用力包扎，包扎范围应该比伤口稍大。在没有无菌纱布时，可使用消毒卫生巾、餐巾等替代。③填塞止血法：对于颈部或臂部较大而深的伤口，可用无菌纱布塞入伤口内，再用绷带或三角巾包扎固定（图49-1）。④指压止血法：用于头部和四肢某些部位的动脉大出血。如：手部大出血，可用手指分别压迫伤侧手腕两侧的桡动脉和尺动脉，阻断血流（图49-2）；一侧脚大出血，用手指分别压迫脚背中部搏动的胫前动脉及足跟与内踝之间的胫后动脉；腿部大出血，伤员应取坐位或卧位，用两手拇指用力压迫伤肢腹股沟中点稍下方的股动脉，阻断

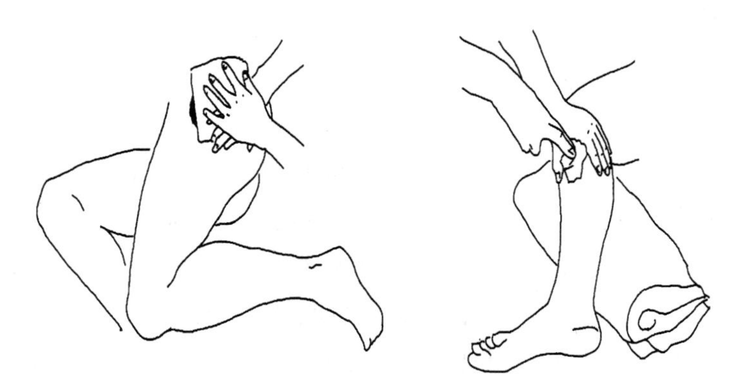

图49-1　填塞止血法

股动脉血流（图 49-3）；颜面部大出血，用一只手的拇指和食指或拇指和中指分别压迫双侧下额角前约 1 厘米的凹陷处，阻断面动脉血流（图 49-4）。⑤止血带止血法：四肢发生大出血，当上述止血法不能止血时，可用橡皮止血带、布制止血带置于出血部位上方，将伤肢扎紧，把动脉血管压瘪而达到止血目的（见图 18-2）。

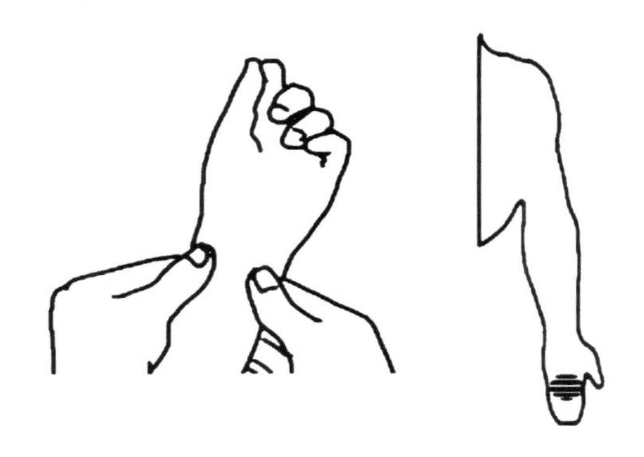

图 49-2　指压桡动脉部位与止血范围

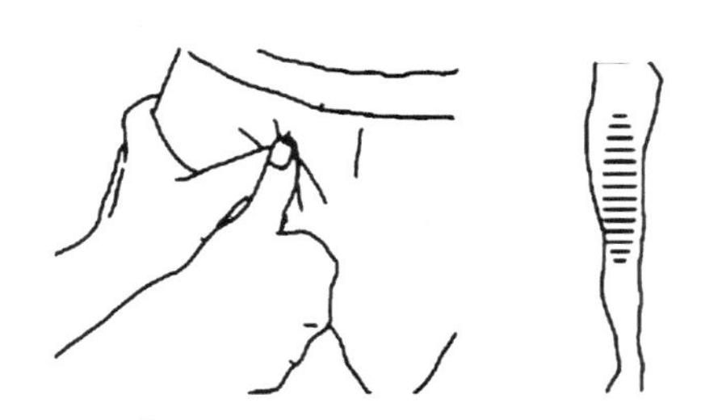

图 49-3　指压股动脉部位与止血范围

图 49-4　指压面动脉部位与止血范围

（3）迅速转运：以上临时止血方法作用有限，不能持久，应尽快到医院做清创、血管缝合、出血点结扎等有效的止血处理，有明显失血者应输血、补液治疗。

【不要忘记】

（1）在破裂处的近心端进行包扎，防止失血过多而休克。

（2）对已经休克导致伤员呼吸、心跳骤停时，应进行心肺复苏和人工呼吸以保持生命迹象。

（3）在第一时间联系医院，进行治疗。

50 脊柱损伤

建筑工人高空坠落

老刘，45 岁，建筑工人。某日工地施工时，突然从6楼高处坠落地面，导致颈部、腰部活动不能，脊柱的稳定性遭到破坏，当时万幸的是，目击者未随意搬动病人，急救人员出诊迅速，没有导致他出现新的意外损伤。

【你知道吗】

在正常的日常生活中一般人脊柱并不容易受伤。脊柱损伤多见于房屋倒塌、高处跌下、车祸等严重事故，可分为闭合性脊椎压缩性骨折、椎骨骨折和椎骨脱位、脊髓损伤等，伤情常常严重复杂，甚至发生不同部位的截瘫。如果损伤部位位于腰椎，就有可能下肢截瘫；如果位于颈椎，就有可能颈部以下截瘫，高位颈髓的损伤甚至可导致伤者立即死亡。

【最佳办法】

（1）科学分工：不要惊慌忙乱，保持镇静，

如现场人多，可分工抢救。一部分人与急救中心联系，争取时间；一部分人抢救伤员。

（2）抢救伤员生命：首先要保持伤员呼吸道通畅，对呼吸困难和昏迷者，要及时清理口腔分泌物。若有伤口，应紧急包扎，不能轻易翻动伤者，切莫马上抱起伤者。紧急情况需转移伤员时，应在急救人员的指导下进行搬运，以免造成新的损伤。

（3）正确的固定和搬运：正确的方法是将伤员的头部、颈部、躯干、骨盆以中心直线位置逐一固定，保持脊柱伸直位。搬动伤员时，三人至患者同侧跪下插手，同时抬高，换单腿，起立，搬运，换单腿，下跪，换双腿，同时施以平托法将患者放于硬质单架上。之后将病人躯干部用纱布带或其他可利用的工具固定在硬木板上，防止转运途中发生摆动，造成脊柱二次损伤。

（4）迅速转运：迅速将伤员送往医院，接受院内急救治疗。

【不要忘记】

（1）在伤情没弄清之前，绝不可乱动伤员，等待救护人员。

（2）在抢救伤者时，若怀疑有脊柱骨折的，均应按脊柱骨折处理。千万不要对伤者任意翻身、扭曲身体，因为这些动作都可能增加受伤脊柱的弯曲度，使失去脊柱保护的脊髓受到挤压、牵拉，加重脊柱和脊髓的损伤。

（3）运送脊柱脊髓损伤伤员应用硬板担架，搬运过程中应尽量保证伤员处于水平位置（图 50-1）。

图 50-1　担架搬运

（4）胸腰椎损伤时，伤者往往会觉得腰背部疼痛，肌肉痉挛，不能直立，翻身困难，感觉腰部软弱无力；颈椎损伤时，伤者自觉头、颈部疼痛，不能活动，常用两手扶住头部。如无其他损伤，伤者的意识大多是清醒的，但是如果有脊髓损伤，其损伤部位相对应的肢体、躯干会觉得无力、感觉丧失或放射样的疼痛，甚至出现大小便异常。救助人员检查伤者时，可发现他（她）不能感觉到疼痛、不能感觉到温度的变化、或肢体不能运动，而且伤者脊柱骨折处肿胀，脊柱向后凸出，并有触痛。

（5）对于脊柱外伤病人的救护，必须掌握一定的救护知识及技巧。否则，很可能在你好心救人的同时，却因为第一线救护措施的不当，造成损伤加重，甚至发生截瘫或死亡。国外曾有统计，40%的人是因为不恰当的急救而使病情加重。

51 胸腹外伤

高中生遭军训教官殴打，致胸腹外伤

9月14日深夜，乌鲁木齐市财政会计职业学校16岁的高一新生小鹏遭军训教官殴打，导致胸腹、左肘部软组织损伤以及头面部划伤。小鹏说，因为下蹲没有做好，教官抓住他领子往外拎，他甩手挣脱，教官直接将其推到玻璃上，致其头部受伤。随后该教官吹响集合号，与另外四名教官将其带到一个封闭房间，其头部遭到不断扇打，胸部被对方脚踩。其间一个同学过来阻止，也被打伤。

目前小鹏被诊断为“胸腹左肘部软组织外伤、

头面部划伤”。因为担心会有突发状况，经医生建议，小鹏住院观察一周。目前，所以医疗费用皆由部队承担。

【你知道吗】

胸部损伤是指以直接暴力撞击胸部，造成胸部开放伤和闭合伤，其中以发生肋骨骨折、气胸和血胸等多见。心脏区有外伤时，要注意心包出血及心脏压塞。胸腹合并伤伤情危重且复杂，直接影响呼吸、循环两大系统功能。常见原因为刀伤、钝器伤、火器伤和车祸所致。同时，胸部外伤常合并腹腔脏器等身体其他部位的损伤。胸、腹腔大出血是导致休克的主要原因，胸腔出血压迫肺组织进一步加重了肺损伤，肺功能进一步下降又加重了休克，这些严重损伤都威胁生命，应紧急处理后，送有关医院诊治抢救。

【最佳办法】

（1）求救：立刻请求周围人群帮助，并且及时拨打 120 急救电话。

（2）现场急救：①胸部开放伤要立即包扎封闭（不要用敷料填塞胸腔伤口，以防滑入）（图 51-1）。

②清除呼吸道的血液和粘液；必要时在条件许可下行紧急气管插管或切开术。③多根肋骨骨折有明显的胸壁反常呼吸运动时，用厚敷料或急救包压在伤处，外加胶布绷带固定（图 51-2）。④有明显呼吸困难者，检查发现气管偏于一侧，应想到对侧有张力性气胸，立即在伤侧前胸壁锁骨中线第二助间穿刺排气。为安全送医院，可保留穿刺针头，用止血钳固定于胸壁上，并在针头上连接单相引流管或橡皮指套加剪缺口，持续排气。

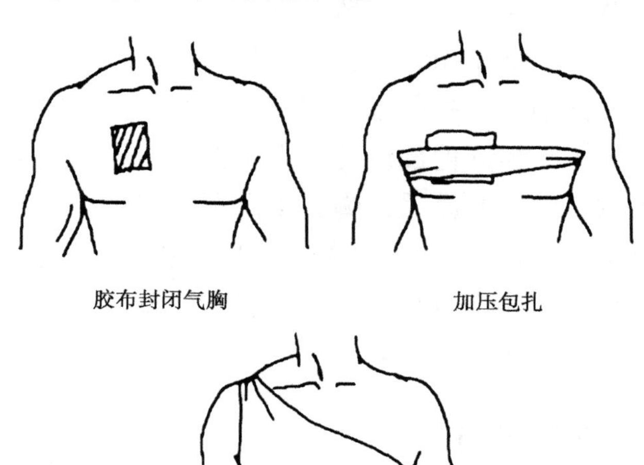

图 51-1　开放性气胸包扎法

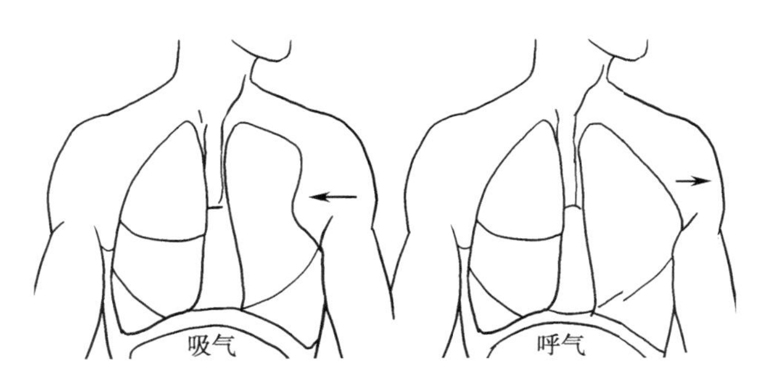

图 51-2　反常呼吸运动示意图

（3）转运：胸部伤送医院急救时应取 30°的半坐体位，并用衣被将伤员上身垫高，有休克者可同时将下肢抬高，切不可头低脚高位。

【不要忘记】

（1）对胸腹合并伤患者应尽快处理，边检查、边治疗。

（2）胸腹部外伤患者出现呼吸功能障碍时，应首先处理胸部伤。严重胸部外伤后，低氧血症发生率可高达 90.6%，动脉血氧分压（PaO_2）可低至 4 ~ 5kPa（1kPa = 7.5mmHg），如不及时纠正可因急性呼吸功能衰竭而死亡。安置胸腔闭式引流管是了解、治疗血气胸的简单、有效方法之一。

（3）胸腹合并伤患者，腹腔出血量往往大于胸腔。快速输血、补液及处理胸部伤情的同时尽快剖腹探查，是提高抢救成功率的有效措施。

（4）已经刺入胸、腹部的利器，千万不要自己取出。应就近找东西固定利器，并立即将伤者送往医院（图 51-3）。

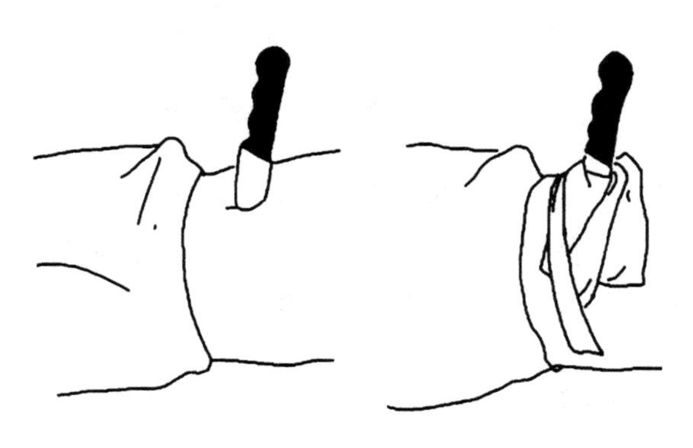

图 51-3　利器刺入胸、腹部的伤口包扎

（5）因腹部外伤造成肠管脱出体外，千万不要将脱出的肠管送回腹腔。应在脱出的肠管上覆盖消毒纱布或消毒布类，再用干净的碗或盆扣在伤口上，用绷带或布带固定，迅速送医院抢救。

（6）及时拨打 120 急救电话。

52 肢体（指/趾）离断伤

抛光机“扯断”双手

老肖，44 岁，工人。某日在为抛光机更换抛光轮时，发现旋轴太粗，与抛光轮不匹配。遂开启抛光机让旋轴高速旋转，双手持砂纸打磨旋轴。突然，旋轴将砂纸卷成一团，老肖双手被卷入，难以拔出，旋轴高速旋转产生的巨大扭力活生生扯断了老肖的双手。车间同事立即关闭抛光机，把老肖的双手从旋轴上解出，伤口血流如注。老板随后让公司的车将老肖送往市区医院。一路上老肖一直疼得大哭大叫，一直问“怎么办”，两名同事捧着老肖的断肢不知所措。万幸的是，因为送医及时，老肖的双手再植手术成功完成，能恢复八成至九成的功能。

【你知道吗】

在生活中，有人会因交通事故、工伤事故或者其他意外造成手指、脚趾离断，甚至是上肢、下肢的离断，我们统称为肢体（指/趾）离断伤。根据断肢（指/趾）损伤的性质，可将其分为切割性、碾压性和撕裂性三大类。切割性损伤常见于菜刀、镰刀，以及工业生产中电锯、切纸机、冲床等切割损伤；这种损伤的特点是创口边缘整齐、污染少，但是出血较多。碾压性损伤常见于机器如压面机、绞肉机、滚筒，以及车祸时车轮的碾压；其特点是组织损伤广泛严重，常伴有骨折。撕裂性损伤见于高速转动的脱粒机、梳棉机、钻床、离心机等将卷入的肢体撕裂致伤；严重时表现为手指、或多指、全手都呈脱套样损伤，肌肉外露、骨骼关节撕脱和整个结构受到破坏。

【最佳办法】

（1）科学分工：不要惊慌忙乱，保持镇静，如现场人多，可分工抢救。一部分人与急救中心联系，争取时间；一部分人抢救伤员；一部分人保护断离的肢体（指/趾）。

（2）抢救伤员生命：断肢（指/趾）后，伤员有时因流血或疼痛而发生休克，面临生命危险，所以应设法首先对伤肢（指/趾）伤口止血包扎，防止和治疗休克。①由于血管断离后发生回缩痉挛及凝血块常使血管闭塞，一般请伤员平躺，用干净纱布或清洁布类（如手帕等）放在断肢伤口上，再

用绷带或围巾包扎固定即可达到止血目的。②如果大动脉出血，则需要使用止血带止血，但要牢记每隔30分钟或1小时必须放松止血带2～3分钟，以免压迫过久造成肢体坏死。③如果断离部位较高，如在肩下或髋下，无法使用止血带，而加压包扎又不能控制出血时，可用止血钳夹住血管断端止血。有条件者，可使用止血药、止痛药。④同时要记得固定断肢，上肢切断可用绷带固定在伤员胸前，下肢切断可与另一条腿绑在一起。

（3）保护断离的肢体（指/趾）：当肢体（指/趾）被意外断离后，断肢（指/趾）的血液供给也随之中断，时间越长，断肢（指/趾）的组织越容易缺血坏死，再植的成功率越低。因此，对断肢（指/趾）的处理相当重要。①完全断离的肢体（指/趾），除非污染非常严重需要生理盐水冲洗，原则上不做任何无菌处理，直接使用无菌敷料或清洁布类将断肢（指/趾）包好后放入完好无损的塑料袋内，并将袋口牢牢扎紧，再放入另外一个装有冰块或冰糕的塑料袋内，或装有冰块的大口保温桶内冷藏。冷藏可以减缓断肢（指）的代谢，延长其保存时间，提高再植成功率。②离断后的伤肢，如还有少许皮肤或其他肌肉相连，不能将其离断，而应就地取材，使用木板、硬纸壳做成夹板固定。

如离医院较远或天气较热，应使未完全断离的肢（指/趾）体保持较低的温度，例如用毛巾包住冰块置于残肢周围等。③若在现场急救时，断肢（指/趾）仍在机器中，切不可强行拉出或将机器倒转，以免加重损伤，应设法将机器拆开，取出断肢（指）（图 52-1）。

图 52-1 断肢保存方法

（4）迅速转运：迅速将伤员和断肢（指/趾）送往医院，力争在 6 小时内进行断肢（指/趾）再植手术。

【不要忘记】

（1）始终把抢救伤员生命放在首位，不要为保存断肢（指/趾）过多浪费时间。

（2）切勿试图自行接断肢（指/趾），例如用

胶布把断肢（指/趾）接上原位。这样不但会增加伤者痛苦，而且会损坏肌肉组织，使日后的再植手术更困难。

（3）严禁在离断伤肢（指/趾）的断端涂抹各种药物及溶液，更不能涂抹牙膏、灶灰之类试图止血。也不能将断落后的肢体（指/趾）浸泡于任何液体中（包括生理盐水），因会造成肢体组织细胞凝固、变性，失去再植机会。

（4）装有断肢（指/趾）的袋子一定要严格检查，不能有裂缝、漏洞，以防冰块与断肢（指/趾）直接接触而冻伤；或融化的冰水将其浸泡，造成组织细胞肿胀。

自然灾害篇

53 火海逃生

被火“吞噬”的笑容

小美，女，28岁，在这样青春年华的年纪，本应有着如她名字一样美丽的容颜，然而，在七年前冬天的晚上，一切都改变了。那是一个极为寒冷的冬夜，小美像往常一样，用电热毯来取暖，疲惫的她在铺着电热毯的温暖床上一下就睡熟了，可是她忘记关电热毯了，半夜醒来，整个木板床棉絮都已经燃烧起来，顾不上疼痛的她惊慌失措地冲出卧室，听到动静的室友看到小美时，已经是面目全非，对于小美的情况当时也不知道要怎么办，只得把小美安置在一旁，扑火的同时等待救护车的到来。因为这场火灾，小美的头面部严重烧伤，虽然捡回来一条命，但头面的疤痕却让她永远失去了一头秀发和灿烂的笑容。

【你知道吗】

我们通常说的火灾是指在时间或空间上失去控制的燃烧所造成的灾害。在各种灾害中，火灾是最经常、最普遍地威胁公众安全的主要灾害之一。在生活中，火灾可由各种原因引发，根据可燃物的类型和燃烧特性，可分为如固体物质火灾、液体物质火灾、气体火灾、金属火灾、带电火灾及烹饪物火灾。而烧伤是火灾现场最常见的损伤，主要引起皮肤和/或黏膜、皮下和/或黏膜下组织等损害，根据烧伤程度不同，可分为Ⅰ度（表皮烧伤）：主要表现为皮肤发红，具有刺痛感；Ⅱ度（表皮烧伤）：主要表现为皮肤出现水疱、红、肿、触痛；Ⅲ度（全层烧伤）：主要表现为皮肤整个层面的烧伤，皮肤出现坏死、基底苍白、焦黑等；Ⅳ度烧伤：表皮层、真皮层及肌腱、肌肉和骨骼都受损。

【最佳办法】

（1）应对火灾及逃生方法：①在火灾中，现场的温度高，烟雾挡住视线，一定要保持镇静，不要惊慌，应尽快拨打“119”电话呼救，不盲目地行动，选择正确的逃生方法。②发生火灾时，如果

火势并不大，应争分夺秒扑灭“初期火灾”。③在火灾中，为避免大量浓烟吸入，防止烟雾中毒、预防窒息，有条件者应佩戴防毒面具、头盔、阻燃隔热服等护具。如果没有，可向头部、身上浇冷水或用湿毛巾、湿棉被等将头、身裹好，在离地面30公分以下的地方，头部尽量贴近地面，背向烟火方向采取低姿势爬行逃生，“简易防护，蒙鼻匍匐”；若通道已被烟火封阻：应快速关紧迎火门窗，打开背火门窗，用湿毛巾或湿布塞堵门缝、用水浸湿棉被蒙上门窗然后不停用水淋透房间，以防烟火渗入；还可以利用身边的绳索或床单、窗帘、衣服等自制简易救生绳，并用水打湿，从窗台或阳台沿绳缓滑到下面楼层或地面；若被烟火围困，暂时无法逃离者，应尽可能待在阳台、窗口等容易被人发现和能避免烟火近身的地方。白天，可向窗外晃动鲜艳衣物或外抛轻型晃眼的东西；在晚上用能发光发声的物品发出有效的求救信号。求救时要设法暴露自己，才能尽早获得救援。

（2）烧伤自救的早期处理：根据烧伤的不同类型，可采取不同的急救措施：①脱离现场：使伤员迅速脱离致伤现场，采取有效措施扑灭身上的火焰。发现身上着火，应赶紧设法脱掉衣服或就地打滚，压灭火苗；有水源的可及时跳进水中或朝身上

浇水、喷灭火剂等，如衣服和皮肤粘在一起，可在其他人员的帮助下把未粘连的部分剪去，并对创面进行包扎。②判断伤情：首先检查可危及伤员生命的一些情况，不论任何原因引起的心跳、呼吸停止，应立即行胸外心脏按压和人工呼吸，将病人撤离现场，待复苏后立即送医院。如出现大出血、窒息、开放性气胸等，应迅速进行止血、开放气道保持呼吸通畅、封闭胸部开放伤处等处理。为防止休克，可予口服烧伤饮料、淡盐水等，一般以少量多次为宜。特别注意要禁止伤员单纯喝白开水或糖水，以免引起脑水肿等并发症。③保护创面：轻度烧烫伤救护—冲，将伤处冲水或浸于水中，如无法浸水，可用冰湿的布，敷于伤处，直到不痛为止（10～15分钟）；脱去伤处的衣物或饰品，不能硬脱，可用剪刀小心剪开；泡，将伤处浸泡水中，如果出现颤抖现象，要立刻停止泡水；盖，用干净纱布轻轻盖住烧伤部位，也可用三角巾或清洁的衣服被单等，给予简单包扎。手足被烧伤时，应将各个手指、脚趾分开包扎，以防粘连。④迅速送医院救治。伤员经火场简易急救后，应尽快送往临近医院救治。护送前及护送途中要注意防止休克。搬运时动作要轻柔，行动要平稳，以尽量减少伤员痛苦。

【不要忘记】

（1）尽早脱离火灾现场，把抢救伤员生命放在首位。

（2）逃生时，普通电梯千万不能坐，因为普通电梯极易断电，且没有防烟功效。

（3）对于烧伤，首要措施是终止烧伤进程，立即去除病人身上衣物。发现身上着火，千万不可跑动或用手拍打，皮肤与衣物粘连时，不能硬脱。对于皮肤水疱，尽量不要弄破，避免用有色药物（碘酊、龙胆紫）涂抹创面，也避免用酱油、牙膏、蜜糖等土方法涂抹伤口，以免影响对烧伤区域深度的判断。

（4）烟雾吸入伤是发生火灾时造成伤员早期死亡的主要原因，多在相对密闭的燃烧现场或在火场中奔跑呼叫时发生（图 53-1）。故应早期发现，可以通过以下几个方面观察评估：①上身烧伤情况；②有无眉毛和鼻毛的烧灼；③口咽部有无烟灰覆盖；④有无精神障碍史；⑤有无在密闭燃烧环境中受伤的经历；⑥有无煤炭样痰（烟灰样物质）。

图 53-1　在火场中不要张口喊叫

54 洪水无情

被洪水“唤醒”的记忆

阿昌，34 岁，老师，老家湖南岳阳洞庭湖畔，现居深圳，任教于深圳某高中，已成家，也已经有了一个可爱的儿子。用他自己的话说，虽然生活不算富裕，但也安定。可今年深圳暴雨内涝却再次让他的生活不安定起来，自己的爱车被水浸泡，就连家里也遭洪水“入侵”。小时候，在湖区老家，每年的汛期，尤其是 7 ~ 9 月，连个安稳觉都没得睡，经常在半夜被村里的喇叭锣鼓声吵醒，还得连夜抱着被子转移到堤坝上或者亲戚家。1998 年，那是他最不想提及的一年，那年正值高考，家里的房子田地全被冲毁，妹妹还差点被洪水吞没，父母和妹妹不得不在亲戚家寄居好几个月，他也因为一分之差与“第一飞行学院”失之交臂，没想到时至今日，洪水还是和他如影相随，离家乡千里之外的地方历史又重演。

【你知道吗】

洪水灾害简称为水灾，它是一种气象灾害，是由于暴雨、融雪、融冰和水库溃坝等引起河川、湖泊及海洋的水流增大或水位急剧上涨的现象。当洪水超过一定的限度，给人们正常生活、生产活动带来损失与祸患，简称洪水灾害。按其形成原因和地理位置不同，可分为暴雨洪水、融雪洪水、冰凌洪水、山洪以及溃坝洪水等。其中以暴雨洪水最常见。水灾具有明显的季节性，5～10 月是灾害好发季节。在短期内水位迅速上涨，导致建筑物被淹、房屋倒塌等。暴雨来临时，又往往夹着雷击、龙卷风等，因此一旦发生洪涝灾害，容易发生塌方伤、溺水、雷击伤、触电、毒蛇咬伤、毒虫咬蜇伤、外伤等。

【最佳办法】

（1）洪水来临前的准备

1）暴雨来临，及时收听收看气象部门发布的气象预报，并采取相应的防御措施，做好个人和家庭的防灾准备。冷静地选择最佳路线撤离，避免出现“人未走水先到”的被动局面。

2）认清路标，明确撤离的路线和目的地，避免因为惊慌而走错路（图 54-1）。

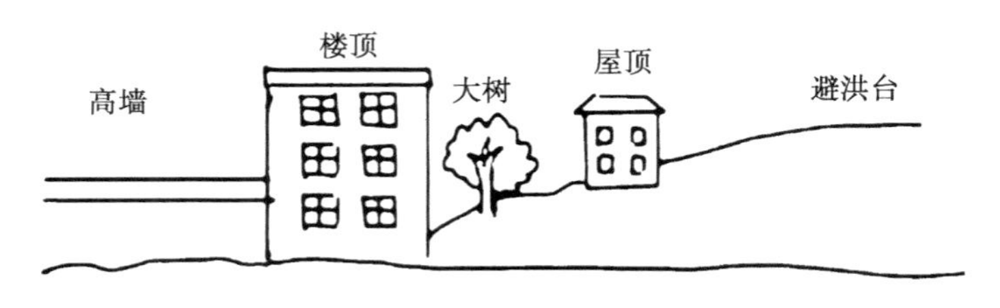

图 54-1　明确撤离的路线和目的地

3）自保措施：①准备一个救生包，包括一台无线电收音机，随时收听、了解各种相关信息。准备大量饮用水、压缩饼干等保质期长的食品；准备保暖的衣物及治疗感冒、痢疾、皮肤感染的药品；准备求救发信号用具（如哨子、手电筒、旗子、颜色鲜艳的衣物、彩色布条等）；自身的有效证件等各类物品用防水密封袋分别装好（图 54-2）。②扎制木排、竹排，搜集木材等大件适合漂浮的材料，加工成救生装置以备急需。③将不便携带的贵重物品作防水捆扎后埋入地下或放到高处，票款、首饰等小件贵重物品可缝在衣服内随身携带。④平时要学会自制简易木筏的技能，用身边任何入水可浮的东西，如床、木梁、箱子、圆木、衣柜、大块的泡沫塑料等绑扎而成（图 54-3）。

图 54-2　准备一个救生包

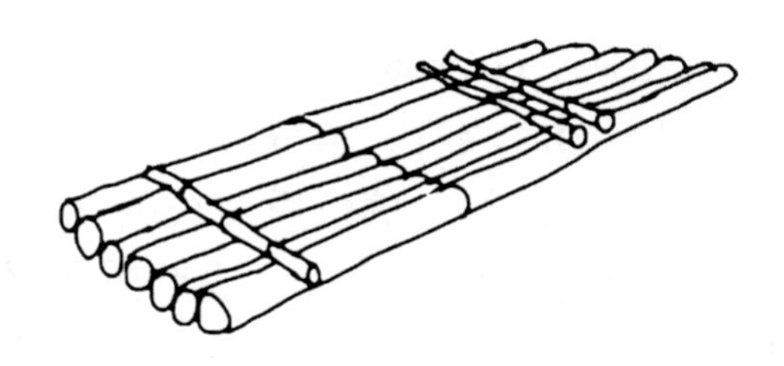

图 54-3　自制简易木筏

（2）洪水到来时的自救和他救

1）受到洪水威胁，如果时间充裕，应按照预定路线，有组织且迅速地向山坡、楼顶等高地处转移。

2）如果来不及转移，可立即爬上楼房高层、屋顶等高处做临时避险等待救援。但不要躲在高大树下或跑到山岗的顶部，以免遭雷击。为防止洪水涌入屋内，可用塑料编织袋或米袋等装入沙石、泥土等堵住大门下面缝隙，再用旧地毯、旧棉絮等塞堵其它门窗缝隙。若水灾严重，水位不断上涨，就尽量用船只或自制木筏逃生。逃生前要试试木筏能否漂浮，收集食品、发信号用具等；吃些食物和热饮料以补充能量；把煤气阀和电源总开关等关掉；出门时把房门关好，以免家产随水漂走。

3）如果被洪水冲到，应尽快抓住水中的漂浮物或岸边的树根、树杈，保持头脑清醒，使自己脱险。

4）在山区，如有山洪，应避免渡河，还要注意防范山体滑坡、滚石、泥石流的损害。

5）在城市的马路上行走，水深 20 厘米以上、流速超过 2 米每秒的地方尽量绕行，或多人手挽手结伴行走。要注意跟着别人走过的路走，小心别掉入被冲走井盖的下水道。

6）避难时，多吃些高热量的食品，如巧克力、饼干等，喝些热饮料，以增强体力，千万不要喝洪水。同时可利用通讯设施联系救援；或利用眼镜片、镜子反射阳光发出求救信号或及时挥动鲜艳的衣物等物品，发出求救信号；夜晚时，可以利用手电筒、哨子及火光发出求救信号。极力让救援人员知道你的所在地。

7）他救：对溺水者的救治：①及时将溺水者救至岸上，不会游泳者应呼叫周围人群一齐来救护；②救上岸后应尽快清除其口鼻中的泥沙、杂草及分泌物，有假牙的应取出；③将溺水者俯卧于有斜面的地上，用抢救者的膝部垫溺水者腹部，倒出其呼吸道内的水；④二人轮流施行人工呼吸和胸外心脏按压。

（3）洪水过后的卫生防疫："洪涝灾害对人体健康的威胁具有持续性和滞后性。"洪灾后的一些疾病主要有伤寒、霍乱、钩端螺旋体病、血吸虫病、甲肝、戊肝、食物中毒、细菌性痢疾、红眼病等。故人们应做好以下几个方面：

1）要管好自己的饮食，防食物中毒，不吃腐败变质或被污水浸泡过的食物，不吃剩饭剩菜，不吃生冷食物，喝开水、吃熟食。

2）要及时清理灾后垃圾。

3）要配合有关部门做好环境消毒和灭蝇、灭

蚊、灭鼠工作。

4）要保持环境卫生，严防疾病发生和流行。

【不要忘记】

（1）要冷静观察，迅速转移。把生命安全放在首位。

（2）在不了解水情时，不要冒险涉水，尤其是急流。要在安全地等待救援，切记不要爬到土坯房的屋顶，这些房屋浸水后容易倒塌。

（3）选择一切可以救生的物品逃生。

（4）发现高压线铁塔倾倒、电线低垂或断折时，迅速远避，防止触电。

（5）洪水过后，不要轻易涉水过河及徒步通过水流很快、水深已过膝盖的小溪。此外，还应按照当地卫生防疫部门的要求，不要喝洪水，服用预防药物，并做好各项卫生防疫工作，以预防传染病的流行。

55 地震来了

汶川大地震

2008 年 5 月 12 日 14 时 28 分，四川省阿坝藏族羌族自治州汶川县境内发生里氏 8.0 级地震，破坏地区超过 10 万平方公里。截至 2008 年 9 月 18 日 12 时，大地震共造成 69227 人死亡，374643 人受伤，17923 人失踪，是新中国成立以来破坏力最大的地震，也是唐山大地震后伤亡最最惨重的一次。解放军和武警官兵组成小分队于 5 月 14 日中午到达所有受灾县，19 日 14 时到达灾区所有村庄。但由于地震后交通阻断，滚石、山体滑坡、泥石流不断，震后的前两天外面救援力量主要集中在映秀、汶川、北川等极重灾区，边远地区的当地民众抗震救灾活动主要依靠自发、及时的自救和互救。据官方统计数据显示，汶川地震救出总人数约 8.7 万余人，其中自救互救约 7 万人，军队救出约 1 万人，专业救援队合计救出 7439 人。

【你知道吗】

地震又称地动、地振动，是地壳快速释放能量过程中造成振动，期间会产生地震波的一种自然现象。地震预报是世界公认的科学难题，在国内外都处于探索阶段。目前，有关方法所观测到的各种可能与地震有关的现象，都呈现出极大的复杂性；所作出的预报，特别是短临预报，主要是经验性的。

避震逃生需要冷静应对。地震中地面的运动一般不会造成直接伤亡。大多数伤亡是由建筑物的坍塌以及次生灾害造成的。积极参加日常灾害演练，提高个人自救技能。当灾难发生时，你很可能在 72 小时之内得不到任何救助。因此，至少要学会如何撑过这 72 个小时。平时可以在家中准备一个应急逃生包，里面放上足够三天使用的饮用水和固体食物（如压缩饼干）、一个带电池的手电筒及收音机、一些现金及重要文件复印件（如身份证、户口本、存折、电话号码簿）等等。自救互救是地震救援中受困人员获救的主要方式。自己脱险后，一定要先确认周围环境是否安全，再去救助他人。

【最佳办法】

（1）自救

1）如果你在室内：蹲下，寻找掩护，抓牢：①背上紧急包；②用垫子或枕头保护头部，迅速寻找安全的地方躲避。利用写字台、桌子或者长凳下的空间，或者身子紧贴内部承重墙作为掩护，然后双手抓牢固定物体（图 55-1）。③不要被倒塌的家具和掉落的物品砸中。④远离背对窗户，以免被割伤。

图 55-1　遇地震室内自救示意图

2）当被困住，无法逃出：①请保持冷静、清醒，不要哭闹，这样才不会很快地把氧气消耗光；②注意其他坍塌，确认目前的位置是不是安全；③寻找可能的出口；④尽量朝向有光线或空气流通的地方，等待救援；⑤吹哨子或敲打器物，发出规律的声响，等待救援；⑥如果有食物和水，不要一次吃完，慢慢吃，等待救援；⑦如果空间安全，体力不支时，可以试着睡觉，这样能降低忧虑，可以减少氧气和能量的消耗；⑧要有坚强的求生意志，不要放弃希望。

3）如果你在室外：先待在原地不要动，然后观察周围环境：①用书包或双手保持头部，注意可

能有招牌、盆栽、空调机等物品掉落；②远离工地、围墙、加油站、电线杆、街灯等；③如果是在天桥及地下通道，要迅速地离开。

4）如果你在开动的汽车上：①在确保安全的情况下，尽快靠边停车，留在车内。②不要把车停在建筑物下、大树旁、立交桥或者电线电缆下。③不要试图穿越已经损坏的桥梁。④地震停止后小心前进，注意道路和桥梁的损坏情况。

5）如果你在野外：远离河边、海边和崖边，并注意落石，寻找空旷的地方避难。

（2）救人：①先救近处的人，不论是家人、邻居，还是萍水相逢的路人，只要近处有人被埋压，就要先救他们。相反，舍近求远，往往会错过救人良机，造成不应有的损失。②先救容易救的人。这样可加快救人速度，尽快扩大救人队伍。③先救青壮年和医务人员。这样可使他们迅速在救灾中发挥作用。④先救“生”，后救“人”。在一次大地震中，有一个农村妇女，她为了使更多的人获救，采取了这样的做法：每救一个人，只把其头部露出，使之可以呼吸，然后马上去救别人；结果，她一个人在很短的时间内救了好几十人。

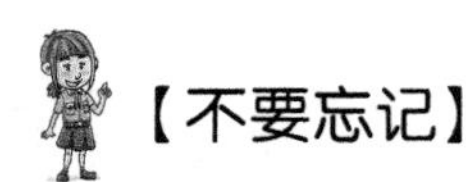
【不要忘记】

（1）不要乘电梯。地震时电梯可能严重变形，从而危及生命，或断电无法逃生。

（2）不要到阳台上。建筑物如果受损，阳台是最容易毁坏的地方。

（3）不要到窗户或外墙边。建筑物如果受损，窗户和外墙是容易毁坏的地方。

（4）不要找衣物或贵重物品。生命宝贵，逃生要紧。

（5）不要在床上或地中央。这属于危险地带。

（6）千万不要跳楼。事实证明，跳楼的伤害很大。

56 可怕的泥石流

甘肃舟曲特大山洪泥石流

2010 年 8 月 8 日凌晨，甘肃省甘南藏族自治州舟曲县因强降雨引发滑坡泥石流，堵塞嘉陵江上游支流白龙江形成堰塞湖，县城一半已经被淹，一个村庄整体被没过，城区停电，一些房屋倒塌，部分街道上已经出现了 1 米多厚的淤泥。灾后景象惨不

忍睹：泥石流深达数米，周边街道灌满泥浆；泥石流所到之处，两边楼房东倒西歪，满目疮痍……据介绍，此次灾害造成5000米长、500米宽区域被夷为平地，这一区域居住有近2000人，已查清被掩埋300户左右。截至8日21时，舟曲特大山洪泥石流灾害造成127人遇难，88人受伤，1294人失踪。

【你知道吗】

泥石流是暴雨、洪水将含有沙石且松软的土质山体经饱和稀释后形成的洪流，典型的泥石流由悬浮着粗大固体碎屑物并富含粉砂及黏土的黏稠泥浆组成。泥石流流动的全过程一般只有几个小时，短的只有几分钟，是一种广泛分布于世界各国一些具有特殊地形、地貌状况地区的自然灾害。它经常爆发于山区多雨的夏秋季节，暴发突然、历时短暂、来势凶猛，具有极强的破坏力，泥石流的主要危害是冲毁城镇、企事业单位、工厂、矿山、乡村，造成人畜伤亡，破坏房屋及其他工程设施，破坏农作物、林木及耕地。此外，泥石流有时也会淤塞河道，不但阻断航运，还可能引起水灾。

【最佳办法】

（1）沿山谷徒步行走时，一旦遭遇大雨，发现山谷有异常的声音或听到警报时，要立即向坚固的高地或泥石流的旁侧山坡跑去，不要在谷地停留（图 56-1）。

图 56-1　山谷遇泥石流急救示意图

（2）设法从房屋里跑出来，到开阔地带，尽可能防止被埋压。逃生时，要抛弃一切影响奔跑速度的物品。

（3）发现泥石流后，要马上与泥石流成垂直方向一边的山坡上面爬，爬得越高越好，跑得越快越好，绝对不能向泥石流的流动方向走（发生山体

滑坡时，同样要向垂直于滑坡的方向逃生）。

（4）选择平整的高地作为营地，尽可能避开有滚石和大量堆积物的山坡，不要在山谷和河沟底部扎营。

【不要忘记】

（1）出行时一定要事先收听当地天气预报，不要在大雨天或在连续阴雨几天后且当天仍有雨的情况下进入山区沟谷出行旅游。

（2）遇上泥石流不能躲在树上，因泥石流可扫除沿途一切障碍；也不能躲在有滚石和大量堆积物的下方；更不能停留在陡坡土层较厚的低凹处或大石块后面。

（3）逃生的时候一个要点就是不要顺着泥石流方向跑，因为你再快也跑不过泥石流，所以一个要素就是跟泥石流或者滑坡推进的方向垂直向两侧跑，向两侧的山坡上跑，这样的话，可能是一种比较有效的好的逃生方式。

（4）立即向当地政府部门报告。

（5）千万不要饮用被污染了的水，以免发生中毒现象。

57 愤怒的海啸

可怕的海啸

2011 年 3 月，日本大地震引发了巨大的海啸，造成严重的损失。数据显示截至 2014 年 6 月，在日本“3·11”大地震中确认死亡及失踪的人数已达到 18 502 人。除此之外，因震后的避难等造成的震灾间接死亡人数在日本全国已经超过 3000 人，如果加上这一数据，因震灾导致的死亡和失踪人数将超过 21 590 人。

【你知道吗】

海啸是一种具有强大破坏力的海水剧烈运动，是由海底地震、火山爆发、海底滑坡或气象变化产生的破坏性海浪。海啸按成因可分为三类：地震海啸、火山海啸、滑坡海啸。相对受灾现场讲，海啸可分为遥海啸和本地海啸两类。遥海啸是指横越大洋或从很远处传播来的海啸，也称为越洋海啸，属于海洋长波，一旦在源地生成后，在无岛屿群或大片浅滩、浅水陆架阻挡情况下，一般可传播数千公里而能量衰减很少，因此可能造成数千公里之遥的

地方也遭受海啸灾害。本地海啸，称为局地海啸，因为从地震及海啸发生源地到受灾的滨海地区相距较近，所以海啸波抵达海岸的时间也较短，只有几分钟，多者几十分钟，因而往往造成极为严重的灾害。

【最佳办法】

（1）求救：拨打110、120求救电话。

（2）做好预防准备：如果你感觉到较强的震动，不要靠近海边、江河的入海口；如果听到有关附近地震的报告，要做好防海啸的准备，注意收听电视和广播新闻；如果发现潮汐突然反常涨落，海平面显著下降或者有巨浪袭来，都应以最快速度撤离岸边（图57-1）。

图57-1　有海啸预警应以最快速度撤离

（3）抢救生命：①如果在海啸来临时不幸落水，要尽量抓住木板等漂浮物，同时注意避免与其他硬物碰撞。②溺水者被救上岸后，最好能放在温水里恢复体温，没有条件时也应尽量裹上被、毯、大衣等保温，注意补充体内的水分和能量。③如果落水者受伤，应采取止血、包扎、固定等急救措施，重伤员则要及时送医院救治。④及时清除落水者鼻腔、口腔和腹内的吸入物。将落水者的肚子放在你的大腿上，从后背按压，将海水等吸入物倒出。如心跳、呼吸停止，则应立即心脏按压和人工呼吸。

【不要忘记】

（1）如果收到海啸警报，没有感觉到震动也需要立即离开海岸，快速到高地等安全处避难。通过收音机或电视等掌握信息，在没有解除海啸警报之前，勿靠近海岸。不要去看海啸—如果你和海浪靠得太近，危险来临时就会无法逃脱。

（2）发生海啸时，航行在海上的船只不可以回港或靠岸，应该马上驶向深海区，深海区相对于海岸更为安全。

（3）在水中不要举手，也不要乱挣扎，尽量

减少动作，尽量不要游泳，能浮在水面随波漂流即可，以防体内热量过快散失。

（4）如果海水温度偏低，不要脱衣服。

（5）不要喝海水。海水不仅不能解渴，反而会让人出现幻觉，导致精神失常甚至死亡。

（6）尽可能向其他落水者靠拢，既便于相互帮助和鼓励，又因为目标扩大更容易被救援人员发现。

（7）人在海水中长时间浸泡，热量散失会造成体温下降。溺水者被救上岸后，最好能放在温水里恢复体温，没有条件时也应尽量裹上被、毯、大衣等保温，不要采取局部加温或按摩的办法，更不能给落水者饮酒，以免散热过快。给落水者适当喝一些糖水有好处，可以补充体内的水分和能量。

58 狂风大作

一场风灾，刻骨铭心

1993 年 4 月 9 日的一场风灾至今令北京人刻骨铭心。当天北京出现 7～8 级大风，仅 4 个城区就有 40 多处广告牌及高楼悬挂物被风刮倒，北京广场前大型广告牌倒塌，南苑机场停机坪上其中一架飞机突然冲向机场围墙，“咣”的一声骑到了墙头上，另一架直升机的悬翼则被硬生生地刮断了，机场旁的十几棵大树也被拔起，把围墙砸塌了。当时造成 1 人当场死亡，15 人重伤，1 人截肢。从 9 日零时至当晚 6 时，全市接火警 25 起，出动消防车 70 多辆，蔬菜损失超过 1.5 亿元。狂风如此危险，面对狂风我们该如何自救，该如何应对？

【你知道吗】

在生活中，当刮很大的风时，我们把它叫做狂风大作。比如台风，是一种产生于热带洋面上的强烈热带气旋，由外围区、最大风速、台风眼组成，按级别分为超强台风、强台风、台风、强热带风暴、热带风暴、热带低压。特点是降雨量多、强度大，洪水出现频率高，波及范围广，来势凶猛，破坏性极大；台风眼区的风速、气压最低，天气常常表现为无风、少云和干暖，随着台风的加强，台风眼会逐渐缩小、变圆。

【最佳办法】

（1）在家中：①在得知有大风天气后，要及

时把露天阳台上的东西搬进屋，以免掉下去砸伤路人如花盆、晾衣架等，然后人迅速转移到坚固、无玻璃窗安全房间，不要用湿手碰触电器开关，拔掉电视天线的引入线。②门窗要关锁妥当，迎风一面的门窗更应如此，可用木板或沉重的家具顶住向内开的窗户，在玻璃窗贴上胶布，以免玻璃被击碎时碎片伤人（图 58-1）。③准备好蜡烛、火柴和手电筒。

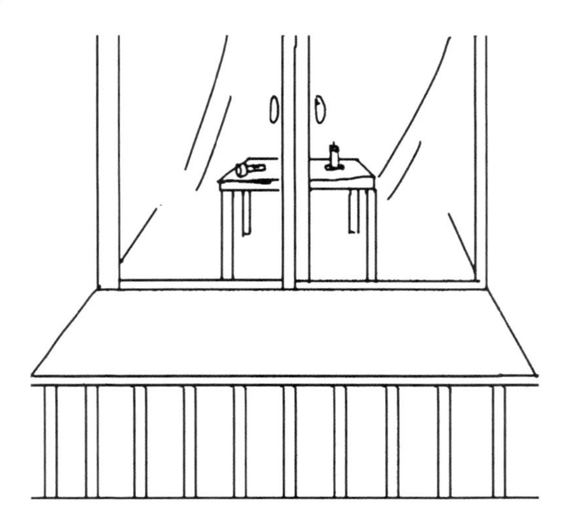

图 58-1　家中遇狂风大作门窗关锁

（2）在户外：①大风中要在轻型车上放一些重物，或者慢速行驶，必要时还要停车。②不要在广告牌和老树下长期逗留。③走路、骑车时，不要走高层楼之间的狭长通道，强风中尽量少骑自行车（图 58-2）。

慢速行驶，必要时停车

不要在广告牌、老树下逗留

不要走高层楼之间的狭长通道强风中尽量少骑自行车

图 58-2　户外遇狂风大作急救示意图

（3）在行车：①集中精力驾驶车辆，注意自行车的动向，坚持中低速度行驶，随时准备制动停车。②遇到不稳定的目标，要用力鸣笛。③过往交叉路口或在混合交通道路上行车时，要提防行人和骑自行车的人突然闯入自己的行车路线。④如果驾驶的是敞开式货运车辆，对车上装载的物品要捆扎牢固，防止被大风吹走或散落。⑤尽量把车窗玻璃摇紧，防止沙尘飞进驾驶室影响驾驶员的呼吸和观察。⑥在大风伴有扬沙时，应打开雾灯，使其他车辆能提早发现你（图 58-3）。

集中精力驾驶车辆

敞开式货运车辆
装载的物品要捆扎牢固

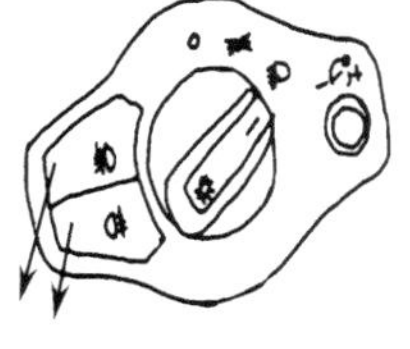

打开雾灯

图 58-3　行车遇狂风大作急救示意图

【不要忘记】

（1）台风来临前：①要弄清楚自己所处的区域是否在台风要袭击的危险区域。②要了解安全撤离的路径，以及避风场所。③要准备充足且不易腐

坏的食品和水、手电筒、药品、蜡烛、防裂胶带等。

（2）台风到来时：①要经常收听电台、电视以了解最新的热带气旋动态。②保养好家用交通工具，加足燃料（以备紧急转移）。③检查并牢固活动房屋的固定物，检查并且关好门窗。④时刻准备着撤离。

（3）台风袭击时：①听从当地政府部门的安排。②如需离开住所，尽快到避灾安置场所，并且尽量和朋友、家人在一起。③别冒险趟过湍急的河流。

（4）台风信号解除后：①要坚持收听电台广播、收看电视，当撤离的地区被宣布安全时，才可以返回该地区。②如果遇到路障或者是被洪水淹没的道路，要绕道而行，避免走不坚固的桥，不要开车进入洪水爆发区域。

59 被雷电击伤

雷电引发的不幸

某村发生一起意外事故，两名正在建房的村民不幸被雷电击中，一人当场死亡，另一人在送往医

院途中也停止了呼吸。据村民反映，事故发生时间为前日下午4时许。当时，附近村子的两名泥水匠（一姓邓，一姓胡，均为40岁左右的男性）正在替该村一户农家建楼房，在砌第三层楼的墙壁时，突然，近距离的天空中一道耀眼的闪电划过，几乎同时“噼啪”一声炸了一个响雷，雷电直接击中邓、胡两人，胡某倒在三楼楼板，邓某则从三楼外墙摔下一楼地面。当时，楼下还有其他村民在帮工，大家迅速赶上前搭救，只见邓某被雷电击中腹部，胡某则被雷电击中头部，致头部爆裂，但尚有呼吸。村民们急忙将其抱上车送往医院抢救……

【你知道吗】

雷电是伴有闪电和雷鸣的一种雄伟壮观而又有点令人生畏的放电现象，常伴有强烈的阵风和暴雨，有时还伴有冰雹和龙卷风。雷电分为直击雷、电磁脉冲、球形雷、云闪等四种。雷电对人体的伤害，有电流的直接作用、超压或动力作用，以及高温作用。当人遭受雷电击的一瞬间，电流迅速通过人体，使人体出现树枝状雷击纹，表皮剥脱，皮内出血，或造成耳鼓膜、内脏破裂等，重者可导致心跳、呼吸停止，脑组织缺氧而死亡。

【最佳办法】

（1）科学分工：如现场人多，可分工抢救。一部分人尽快使病人脱离电源：戴绝缘手套关闭电闸、切断电路、抛开电线、拉开触电者。一部分人与急救中心联系，争取时间，一部分人抢救伤员。在抢救过程中，要避免给病人造成其他伤害的同时保护自身安全（图59-1）。

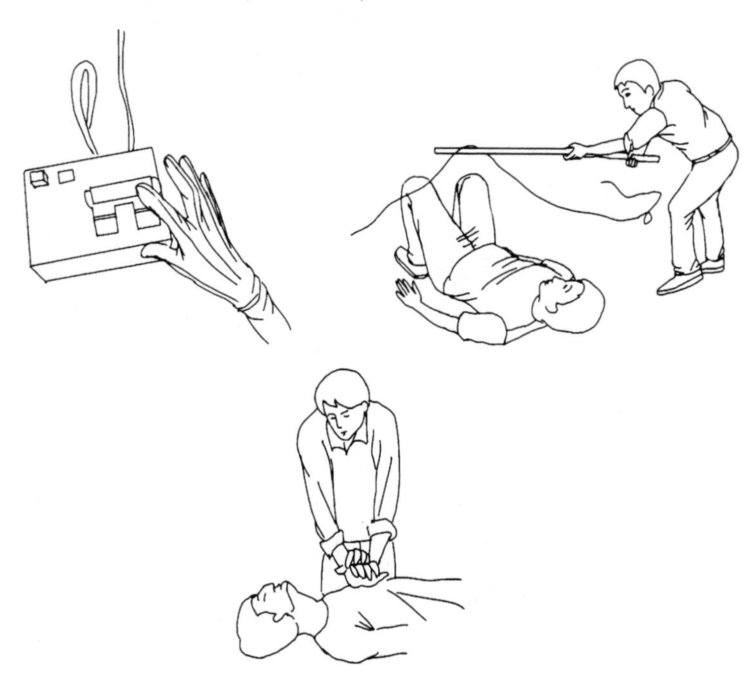

图59-1　科学分工示意图

（2）抢救伤员生命：①脱离险境：迅速将其转移到附近安全避雨避雷处。②判断病人神志、呼吸、脉搏，有无合并伤，记忆力丧失、精神错乱、内脏出血、颅底及各处骨折、癫痫等症状，必要时约束带固定病人。呼吸心跳骤停的病人，立即行心肺复苏术，抽搐病人防止舌咬伤，可就地取材选取不易折断的小木棍、金属条放置病人口腔。③若出现大出血时，可在肢体上用止血带，局部压迫止血。④保护电烧伤创面，无皮肤破损处立即用冷水或冰水湿敷或浸泡创面，时间≥30 分钟，降低创面的组织代谢，使局部血管收缩，渗出减少，从而减轻创面水肿程度，减轻烧伤创面深度，并可有效止痛。已破溃的创面可用纱布敷料，三角巾或用洁净的被单、衣物等进行简单包扎。对浅度烧伤的水疱一般不予清除，大水疱仅作低位剪破引流，保留泡皮的完整性，起到保护创面的作用。⑤预防休克，有条件者应尽早输液，口服含盐饮料。⑥创面使之水分蒸发迅速，冷疗的同时易发生畏寒，尤其是冬季，应注意保暖。

（3）迅速转运：根据病人全身情况合理转运，有骨折的病人应先固定，包扎，应多人担架固定转运病人，防止二次受伤。内脏破裂病人动作要轻柔，防止颠簸。

【不要忘记】

（1）始终将抢救病人生命放在首位，争分夺秒，严格把握心肺复苏黄金4分钟，尽早补液抗休克。

（2）创面不要使用烧伤药膏，尤其是带有颜色的药物，以免影响后续治疗中对烧伤创面深度的判断和清创。

（3）颅脑开放性损伤有脑组织膨出或腹部损伤有脏器外露时，不能直接加压包扎或将脏器强行回纳，应在膨出或脱出组织周围用纱布、毛巾等围起一道“围墙”，再用适合大小的干净搪瓷碗或其他能起到保护作用的器皿罩上，然后包扎固定。运送时，如腹部受伤应取仰卧屈膝位，使腹部松弛。

60 身陷沼泽地

2010年04月09日安徽孕妇深陷沼泽警民14小时生死营救困难重重。

2010年07月19日醉酒男掉入沼泽消防人员110分钟救援惊心动魄。

2010年05月29日温州一辆满载煤炭的自卸货车途经永嘉瓯北五星大道时，路面突然发生塌陷，

导致货车左后轮掉进大坑，车身向左严重倾斜，事故原因是流沙地质。

【你知道吗】

沼泽是含水量非常大的细颗粒土质，所以很松软，又因为含水量大（大于30%），所以会让人窒息。挣扎就像井钻，会很快让人陷下去的。最后一旦陷进泥潭往往会付出生命的代价。不论在高地还是低地，都会有危险的沼泽，不小心掉进去，也是有可能丧命的。活命的方法与身陷流沙时的情形是一样的：不要挣扎，应采取平卧姿势，尽量扩大身体与泥潭的接触面积，慢慢移动。行走过程当中一旦发觉双脚下陷，就应该把身体后倾，轻轻跌躺在地面上，尽量张开双臂以分散体重，还可以增大浮力。不要放下背包或脱下外衣，这些东西可以增加浮力。

【最佳办法】

（1）抢救伤员生命如果有手杖，可插在身体之下的泥中，也可将手中的水壶、雨伞放在身下。移动身体时一定要小心谨慎。每做一个动作都要缓慢进行，让泥有时间流到四肢下面。快速地移动会使泥产生空隙，把身体吸进深处（图60-1）。

图 60-1　手杖插在身体之下泥中

（2）如有人同行，应躺着不动，等同伴抛绳子、皮带、棍子等过来，让同伴把自己拖出来。自己乱动不但帮助不大，而且很快会精疲力竭（图 60-2）。

图 60-2　同伴拖救示意图

（3）倘只有自己一人，朝天躺下后，轻轻拨动手脚下面的泥土，用仰泳的姿势慢慢移向硬地。如身旁有树根、草丛，可拉它借力移动身体。要有耐心千万不要惊慌，移动几米也许得花一个小时。如果感到疲倦时可伸开四肢，这个姿势会保持身体不下沉，躺着不动休息一会儿，然后再向外移动（图60-3）。

图60-3　伸开四肢保持体力姿势

【不要忘记】

（1）怎样识别危险的泥潭：①泥潭一般在沼泽或潮湿松软泥泞的荒野地带。看见寸草不生的黑色平地，就更要小心了。②同时，应留意青色的泥苔藓沼泽。有时，水苔藓满布泥沼表面像地毯一样，但那是最危险的陷阱。③如非要走过满布泥潭

的地方不可，应沿着有树木生长的高地走，或踩在石南草丛上，因为树木和石南都长在硬地上。如不能确定走哪条路，可向前投下几块大石，试试地面是否坚硬；或用力跺脚，假如地面颤动，很可能是泥潭，应绕道而行。

（2）在沼泽地周围怎样维持生命在广阔的沼泽地带，最大的威胁是潮湿寒冷的天气。若弄湿了衣服，又暴露在寒风之中，就会很容易冻坏。①应尽快寻找动物躲避风雨的地方，如树林、矮树丛、洞穴、岩石、堤岩等。沼泽地附近的羊圈、牛棚也是避风的好地点。②收集雨水或把冰雪融化作为饮用水。但在大雨、大雪或浓雾的情况下，若非必要就别冒险走出去。待天气好转，再走到附近安全的地方。